WIRTSCHAFTLICHE ENERGIEVERTEILUNG IN DREHSTROMKABELNETZEN

VON

DR.-ING. WILLY SPEIDEL

MIT 17 ABBILDUNGEN

MÜNCHEN UND BERLIN 1932

VERLAG VON R. OLDENBOURG

Druck von R. Oldenbourg, München und Berlin.

Vorwort.

Auf der Weltkraftkonferenz 1930 in Berlin hat der amerikanische Botschafter Sackett einen seinerzeit aufsehenerregenden Vorstoß gegen die hohen Verkaufspreise für elektrische Arbeit unternommen. Er erklärte, daß bei keinem sonstigen Produkt so hohe Unterschiede zwischen Erzeugungskosten und Verteilungskosten bestehen wie gerade bei dem Verkauf elektrischer Arbeit. Die Elektrizitätswerke haben sich gegen diesen Vorwurf durch Erläuterung der hohen Verteilungskosten und der schlechten Ausnützung der Verteilungs- und Erzeugungsanlagen gewehrt. Die Anlage- und Betriebskosten von Energieerzeugungsanlagen können durch eingehende Veröffentlichungen als geklärt angesehen werden. Die Aufwendungen für flächenhafte Energieverteilungsanlagen sind dagegen nur durch Schätzungswerte, z. B. in dem Gutachten 1930 des Enqueteausschusses über die deutsche Elektrizitätswirtschaft, bekannt, welche keinen Weg zeigen, wie diese Kostenbeträge vermindert werden können.

Die vorliegende Arbeit gibt — zunächst für Kabelnetze — eine Methode an, mit welcher die wirtschaftliche Gestaltung eines Verteilungsnetzes nach Größe und Energieverbrauch bestimmt werden kann. Sie zeigt die Berechnung der wirtschaftlichsten Verteilungsform, der wirtschaftlichsten Spannung und der günstigsten Zahl von Unterstationen und läßt zugleich den Einfluß von Abweichungen von den wirtschaftlichen Werten auf die Anlage- und Betriebskosten zahlenmäßig erkennen. Die häufigste Ursache für zu hohe Verteilungskosten ist die Wahl zu großer Bezirke, die von einer Zentrale bzw. bei der Kleinverteilung von einer Unterstation gespeist werden. Über das ungünstige Verhältnis von den Leitungs- zu den Stationskosten hinaus ergibt die Wahl zu großer Verteilungsbezirke indirekt noch eine Erhöhung der toten Reserve im Leitungsnetz, welche praktisch nicht ausgenutzt werden kann.

Die neue Methode zur Berechnung einer wirtschaftlichen Energieverteilung ist kein Rezept, welches das Eindringen in die Netzverhältnisse überflüssig macht. Sie zeigt vielmehr die außerordentlich große Zahl von Faktoren, welche bei einer zweckmäßigen Lösung zu berücksichtigen sind. Sie gibt die Möglichkeit planmäßiger und dabei elastischer Gestaltung von Leitungsnetzen, an der es in der Praxis häufig gefehlt hat. Für den Fachmann wie den Studierenden dürfte die Angabe von praktischen Kostenwerten zur Vorausplanung von besonderem Interesse sein.

So läßt sich aus vorstehender Arbeit die Antwort auf den Vorstoß des Botschafters Sackett ableiten, indem die Vielgestaltigkeit der Bedingungen zweckmäßiger Netzgestaltung und der in Frage kommenden Kostenwerte enthüllt wird.

Die Durchführung dieser Untersuchungen wurde mir durch die Unterlagen erleichtert, die mir als projektierendem Elektroingenieur eines großen Industriekonzerns zur Verfügung stehen. Ich verdanke jedoch auch Unterstützung und Anregung dem Elektrotechnischen Institut der Technischen Hochschule Darmstadt und insbesondere Herrn Professor Dipl.-Ing. R. Schneider, der meine Arbeit stets mit größtem Interesse verfolgt und gefördert hat, in dem Bestreben, die Frage der Netzkosten zu klären und die Verteilungskosten zu senken. In der Folge hat er sich auch in seinem Büro für Kraftwirtschaft für die Einführung der neuen Rechnungsmethoden in die Praxis eingesetzt. Ich bin Herrn Professor Schneider für alle Förderung meiner Zielsetzung zu besonderem Dank verpflichtet. Ich möchte es auch nicht unterlassen an dieser Stelle Herrn Prof. Oberbaurat A. Sengel für das Interesse zu danken, welches er der Arbeit entgegengebracht hat. Bei dieser Gelegenheit dem Verlag Oldenbourg für sein Eingehen auf meine Wünsche zu danken, ist mir eine angenehme Pflicht.

Ludwigshafen, im Juli 1932.

Willy Speidel.

Inhaltsangabe.

Anlagen.

Tabellarische Aufstellungen.

Zusammenstellung der gewählten Bezeichnungen.

Bei der Wahl der Bezeichnungen wurden die von Herrn Prof. Dipl.-Ing. R. Schneider-Darmstadt anläßlich der 2. Weltkraftkonferenz 1930 vorgeschlagenen Terminologien und Formelzeichen berücksichtigt und nur für bisher nicht normalisierte Begriffe und Konstanten neue Bezeichnungen eingeführt. Für den Rechnungsgang war teilweise eine Zusammenfassung verschiedener Konstanten zweckmäßig.

1. Elektrische Grundbegriffe.

J_F = Flächendichte der maximalen Energieaufnahme im Niederspannungsnetz in kVA/km² (Kapitel V bis X).

$c_{ho} \cdot J_F$ = Flächendichte der maximalen Energieaufnahme einschließlich der etwa von Hochspannungsverbrauchern aufgenommenen Spitzenleistungen (Kapitel VI C) in kVA/km².

j_w = wirtschaftliche Stromdichte in A/mm², d. h. diejenige Stromdichte zur Zeit der Spitze für Dreileiterkabel, bei der sich die niedrigsten jährlichen Betriebskosten (Kapitaldienst + Verlustkosten) ergeben (Kapitel III C).

j_{zul} = nach der Erwärmung (V.S.K. 1928) zulässige Stromdichte für Dreileiterkabel (Kapitel III C bis F) in A/mm².

L_a = maximale Leistungsaufnahme an den Hauptabzweigpunkten des Niederspannungsverteilernetzes (abgekürzt Verbraucher) in kVA (Kapitel V).

L_{ss} = maximale Scheinleistung in kVA (Kapitel II und III).

L_{Tr_s} = Nennscheinleistung von Transformatoren in kVA (Kapitel II).

L_{Tr_w} = wirtschaftliche Transformatorleistung in kVA (Kapitel V).

q = Kabelquerschnitt je Phase in mm² (Kapitel III und IV).

r_s = spezifischer Widerstand des Leitermaterials bezogen auf 1 m und Quadratmillimeter (Kapitel II).

S = Spitze in einem Zeitraum.

t = beliebige Zahl von Stunden (Kapitel II und III).

T = Stundenzahl eines bestimmten Zeitraumes (Jahres).

U_n = Niederspannung in kV (Kapitel III, V E).

u_n = maximaler Spannungsabfall im Niederspannungsnetz in V (Kapitel V E).

$u_n\%$ = maximaler Spannungsabfall im Niederspannungsnetz in %.

U_m = Mittelspannung eines Dreispannungsnetzes in kV.

U_h = Hochspannung in kV (bei Zweispannungsnetz Verteilerhochspannung, bei Dreispannungsnetz oberste Verteilerspannung).

2. Wirtschaftliche Grundbegriffe.

a = spezifischer fixer Kostenanteil einer kWh in RM./kWh.

A = querschnittsunabhängige Konstante für Kabelkosten (Kapitel III A).

B = querschnittsabhängige Konstante für Kabelkosten (Kapitel III A und C).

b = spezifischer proportionaler Kostenanteil einer kWh in RM./kWh.

c_{ho} = Konstante, welche die Erhöhung der Niederspannungsnetzspitzenleistung durch Hochspannungsverbraucher angibt (Kapitel VI C).

c_x = Konstante, welche die Abweichung der wirklichen von der wirtschaftlichen Unterstationszahl angibt (Kapitel VI E).

g = $\frac{a \cdot T}{h_{V_n}} + b$ = Kosten einer Verlust-kWh in RM.

m = Verhältnis der Zahl der »Verbraucher« (Hauptanschlußpunkte) je Straße zur Zahl der parallelen Verbraucherstraßen eines rechteckigen Netzes (Kapitel V C).

$M = (m \cdot n)$ = Verhältnis der Längenabmessung eines rechteckigen Netzes in Richtung zu der quer zu den Verbraucherstraßen (Kapitel V C).

n = Verhältnis des Abstandes der Verbraucher in den Straßen zum Straßenabstand eines rechteckigen Netzes (Kapitel V).

N km = »wirtschaftliche Netzgröße« (Länge einer Quadratseite) eines quadratisch begrenzten Netzes für eine gegebene Verteilerhochspannung (Kapitel V B, b und c).

N_e km = effektive Netzgröße eines qradratisch begrenzten Netzes.

N_1 km = »wirtschaftliche Netzgröße« quer zu Verbraucherstraßen eines rechteckig begrenzten Netzes für eine gegebene Verteilerhochspannung (Kapitel V C, b und c).

N_{e_1} km = effektive Netzgröße quer zu Verbraucherstraßen eines rechteckig begrenzten Netzes.

$N_2 = (M \cdot N_1)$ km = wirtschaftliche Netzgröße in Richtung der Verbraucherstraßen eines rechteckig begrenzten Netzes für eine gegebene Verteilerhochspannung (Kapitel V C, b und c).

N_{e_2} km = $(M \cdot Ne_1)$ km = effektive Netzgröße in Richtung der Verbraucherstraßen eines rechteckig begrenzten Netzes.

P = Zahl der Hauptanschlußpunkte je Gebäudeblockseite in städtischen Verteilungsnetzen (Kapitel V D).

p = jährliche Quote für Abschreibung und Verzinsung von Teilen eines Verteilungsnetzes (Kapitel II und III) (mit Indexen »l« für Leitungen, »Tr« für Transformatorstationen).

r_{l_1} = $\frac{\Sigma (L_{s\,zul} \cdot l_{tats})}{\Sigma (L_{S_n} \cdot l_{min})}$ = Kabelreservefaktor für Anlagekosten von Kabeln (Kapitel III C).

r_{l_2} = $\frac{\Sigma (L_{s\,zul} \cdot l_{min})}{\Sigma (L_{S_n} \cdot l_{tats})}$ = Kabelreservefaktor für Verlustkosten und Spannungsabfall von Kabeln (Kapitel III C, V E).

r_{Tr_1} = Reservefaktor für Reserve in den Betriebstransformatoren.

r_{Tr_2} = » » normal nicht angeschlossene Reservetransformatoren im Verhältnis zur Zahl der Betriebstransformatoren (Kapitel II).

X = Zahl der Unterstationen eines Netzes (Kapitel V bis IX).

X_0 = wirtschaftliche Zahl von Unterstationen je km².

y = Entfernung paralleler Verbraucherstraßen in km (Kapitel V).

z = Zahl der Parallelstraßen mit Verbrauchern in einer Richtung (Kapitel V).

z_k = Zahl der parallel geschalteten Kabel (Kapitel III E, IV).

α = Konstante für Kabelkosten je kVA und km (Kapitel III, Aufstellung 3).

β = Konstante für Kabelkosten je kVA und km (Aufstellung 3).

δ_1 bis δ_5 = Konstante für Kosten von Transformatorstationen (Kapitel II, Aufstellung 1).
γ_1 bis γ_5 = Konstante für Verluste in Transformatoren (Kapitel II, Aufstellung 2).
Θ = Zahl der Betriebstransformatoren je Unterstation (Kapitel II bis IX).

3. Beziehungszahlen.

ϑ = Arbeitsverlustfaktor (Kapitel VIII B).

$$= \frac{\text{tatsächliche veränderliche Verluste in einem Zeitraum}}{\text{Spitzenkupferverlustleistung} \times \text{Stundenzahl des Zeitraums}}.$$

h_{V_x} = Scheinarbeitsverluststundenzahl (Kapitel VIII B, II bis IX).

$$= \frac{\text{tatsächliche veränderliche Verluste in einem Zeitraum}}{\text{veränderliche Verluste bei Spitzenscheinleistung}}.$$

m = Belastungsfaktor (Kapitel VIII B).

$$= \frac{\text{Benutzungsstundenzahl der Spitze während eines Zeitraums}}{\text{Gesamtstundenzahl dieses Zeitraums}}.$$

v = Verschiedenheitsfaktor (Kapitel V bis IX, insbesondere VIII A).

$$= \frac{\text{Summe der gleichzeitigen Spitzenleistungen im Niederspannungsnetz je km}^2}{\text{Höchstbelastung von Kabeln, Transformatoren oder in der Zentrale, bezogen auf 1 km}^2\text{ (je mit Index)}}$$

v_i = »Verbrauchsfaktor«.

$$= \frac{\text{Spitzenleistung einer Abnehmergruppe}}{\text{Anschlußwert einer Gruppe}}.$$

4. Indices.

f = fest, z. B. feste Kabelverluste,
h = Hochspannung,
J = Jahr,
l = Leitung (speziell Kabel),
m = Mittelspannung,
n = Niederspannung,
s = Scheinleistung,
S = Spitzenscheinleistung,
T_r = Transformator bzw. Stationen,
x = Unterstation,
V = Verlustarbeit,
w = wirtschaftlich.

5. Abkürzungen.

$k_{l\,min}$ = Kabelkosten je kVA maximaler Übertragungsleistung auf 1 km in RM bei voller Ausnutzung (Kapitel III D).

k_l = $\left(\frac{\alpha}{U} + \beta\right) \cdot r_{l_1}$ = Kabelkosten je kVA maximaler Übertragungsleistung auf 1 km unter Berücksichtigung eines Kabelreservefaktors (Kapitel III D, IV bis IX) in Abhängigkeit der Spannung U.

k_{l_1} = $\left(p_1 \cdot r_{l_1} \cdot \alpha + 1{,}73 \cdot r_s \cdot \frac{j_{zul}}{r_{l_2}} \cdot g \cdot h_{V_x}\right)$ (Kapitel III F).

k_{l_2} = $p_1 \cdot r_{l_1} \cdot \beta$.

k_{l_J} = $\left(\frac{k_{l_1}}{U} + k_{l_2}\right)$ RM. = Jährliche Betriebskosten einer Kabelübertragung je kVA maximaler Übertragungsleistung und km in Abhängigkeit der Spannung U (Kapitel III F, IV bis IX) (mit Indices).

$k_{l_{Vf_1}}$ = $\frac{0{,}003 \cdot t \cdot g}{6{,}4}$ (Kapitel IV).

$k_{l_{V_{f_2}}}$ = $\frac{r_{l_1}}{17{,}3 \cdot j_{zul}}$ (Kapitel IV).

k_{Tr} = Kosten von 1 kVA fertig installierter Transformatorleistung mit Zubehör (Kapitel II A).

k_{Tr_1} = $\frac{p_{Tr} \cdot r_{Tr_2}}{\delta_2}$ (Kapitel II C, IV bis IX).

k_{Tr_2} = $p_{Tr} \cdot r_{Tr_1} \cdot r_{Tr_2} \cdot \delta_3$ (Kapitel II C, IV bis IX).

$k_{Tr_{V_1}}$ = $g_h \cdot \left(\frac{h_{V_x} \cdot \gamma_1}{r_{Tr_1}^2} + t \cdot \gamma_3\right)$ = leistungsunabhängige jährliche Transformatorverlustkosten in RM. (Kapitel II C, IV bis IX).

$k_{Tr_{V_2}}$ = $g_h \cdot r_{Tr_1} \cdot t \cdot \gamma_4$ = leistungs- und spannungsabhängige jährliche Transformatorverlustkosten in RM.

$k_{Tr_{V_3}}$ = $g_h \cdot r_{Tr_1} \left(\frac{h_{V_x} \cdot \gamma_2}{r_{Tr_1}^2} + t \cdot \gamma_5\right)$ = leistungsabhängige jährliche Transformatorverlustkosten (Kapitel II B, C, IV bis IX).

k_{r_1} = $\frac{r_{Tr_2}}{\delta_2}$ (Kapitel II A, IV bis IX).

k_{r_2} = $r_{Tr_1} \cdot r_{Tr_2} \cdot \delta_3$ (Kapitel II A, IV bis IX).

K_{xf} = Kostenanteil für 1 Transformatorstation, der keiner Gesetzmäßigkeit nach Spannung und Leistung gehorcht (Kapitel II bis IX).

K_{xf_J} = $p_{Tr} \cdot K_{xf}$ = jährliche Kapitalquote für K_{xf}.

Literaturverzeichnis.

Aemmer, »Die zukünftige Gestaltung der Energieverteilung in New York«. Bullet. Schweiz. ETV v. 21. 1. 31.

Apt, R., »Isolierte Leitungen und Kabel, Erläuterungen zu den VDE-Vorschriften«. 1930.

Besold und Müller, ETZ 1930, S. 953.

Blake, D. K., »Network promises marked economies«. Electrical World vom 14. März 1931.

Burger, O., »Berechnung von Drehstromkraftübertragungen«. Springer 1927/1931.

—, »Stromverteilung in Großstädten durch Hoch- und Niederspannungsnetze«. ETZ 1929, S. 73/75.

Chrustschoff, W., »Zur Frage über die Berechnung elektrischer Netze unter der Bedingung eines Minimums von Material«. Arch. f. El. XIII. Bd., 1924, S. 109.

—, »Zur Frage über die rationelle Verteilung der Speisepunkte und Transformatorstationen in elektrischen Netzen«. Arch. f. El. 1926, S. 341.

—, »Beitrag zur Berechnung der Speiseleitungen elektrischer Stadtnetze«. E. u. M. 1928, S. 587.

—, »Günstigste Spannung in Verteilungsnetzen mit Lichtbelastung«. ETZ 1930, S. 744.

Dettmar, Prof. Dr.-Ing. e. h., G., »Über den Ausgleich der Einzelbelastungen bei Elektrizitätswerken« (Verschiedenheitsfaktor). ETZ 1926, S. 33.

Eggeling, »Erwärmungsmessungen an 12-kV-Kabeln«. Elektrizitätswirtschaft 1928, S. 99.

Eimer, H., »Die wirtschaftlich günstigste Spannung für Fernübertragungen mittels Freileitungen«. Dissertation, München 1914.

Enqueteausschuß, »Die deutsche Elektrizitätswirtschaft«. 1930, verlegt bei E. S. Mittler & Sohn, Berlin.

Freiberger, Elektrizitätswirtschaft Juni 1930.

Grünholz, Dr. H., »Theorie der Wechselstromübertragung«. Springer, 1928.
Herzog-Feldmann, »Die Berechnung elektrischer Leitungsnetze in Theorie und Praxis«. Springer, 1927, S. 340/347.
Jansen, ETZ 1926, S. 819.
Klein, »Kabeltechnik«. Springer, 1930.
Koch, H., »Beitrag zur Förderung der Verwendung von Kurzschluß-Läufermotoren in Deutschland«. Mitteilungen des Elektrotechn. Vereins Mannheim-Ludwigshafen 1930, Heft 10 und 11.
Koch & Sterzel, Preisliste T II 1929 für Transformatoren.
Majerczik, W., »Die Berechnung elektrischer Freileitungen nach wirtschaftlichen Gesichtspunkten«. Dissertation, Berlin 1910.
Zur Megede, ETZ 1931, S. 1017.
Mestermann, »Niederspannungsmaschennetze mit Vielfachspeisung«. E. u. M. 1931, S. 816.
—, »Die Elektrizitätsversorgung von Städten durch vielfach gespeiste vermaschte Drehstrom-Niederspannungsnetze«. Siemens-Zeitschrift 1931, Heft 10.
Miller, Dr. O. v., »Gutachten über die Reichselektrizitätsversorgung«. VDI-Verlag, 1930.
Rühle, E., »Die Verteilung elektrischer Energie in Absatzgebieten großer Konsumdichte mit besonderer Berücksichtigung von Groß-Berlin«. Elektrizitäts-Wirtschaft 1926, Sonderheft.
Schnaus, G., »Verschiedenheitsfaktor, Wahrscheinlichkeitstheorie und ihre Anwendung in elektro-wirtschaftlichen Rechnungen«. ETZ 1931, S. 441.
Schneider, Prof. Dipl.-Ing. R., »Probleme der wirtschaftlichen Kupplung von Elektrizitätsversorgungsgebieten«. Annalen der Betriebswirtschaft u. Arbeitsforschung Bd. 3, Heft 3, S. 229.
Schwaiger, Prof. A., »Hochspannungsleitungen«. Oldenbourg, 1931.
Sengel, Prof. A., »Bestimmung der günstigsten Zahl von Speisepunkten eines Verteilernetzes«. ETZ 1899, S. 807/826.
Siemens-Schuckert, Starkstromkabel Best.-Nr. 3442/1.
—, •Preisliste M 20b für Transformatoren, August 1929.
Teichmüller, Prof. Dr., »Die Erwärmung der elektrischen Leitungen«. Verlag Enke, Stuttgart 1905.
VDE, »Fachberichte 1931«.
—, »Vorschriftenbuch des Verbandes Deutscher Elektrotechniker«.
Wittich, »Drehstrom-Maschennetze mit Mehrfachspeisung«. E. u. M. 1931, S. 625.
Weltkraftkonferenz 1930, Bericht Nr. 42 der Sektion 3 zur zweiten Weltkraftkonferenz 1930.
Wolf, Dr. M., »Die Grundlagen der Mathematik der Belastungskurven und der Netzverluste«. Dissertation, Darmstadt 1930.

Wirtschaftliche Energieverteilung in Drehstromnetzen.

I. Einleitung.

Der wirtschaftlichen Bedeutung der elektrischen Kraftübertragung entsprechend ist im Laufe der Jahre eine umfangreiche Literatur über die Berechnung elektrischer Leitungsnetze entstanden. Die verschiedenen Verfasser beschäftigen sich vor allem mit der Errechnung der zu überwindenden Leitungswiderstände und der durch sie bedingten Spannungs- und Stromwerte längs der Leitungen bei verschiedenen Betriebszuständen. Die Kenntnis dieser Größen ist besonders wichtig bei der in neuerer Zeit zu erhöhter Bedeutung gekommenen Kupplung von Kraftwerken untereinander. Sie ist weiter notwendig, um in verzweigten und vermaschten Leitungsnetzen die Stromverteilung im Netz berechnen zu können.

Man mag es erstaunlich finden, daß die der Berechnung von Leitungsnetzen auf Wirtschaftlichkeit dienenden Arbeiten gegenüber denen rein elektrisch-physikalischer Natur zurücktreten. Diese Tatsache kann vielleicht damit erklärt werden, daß die Berechnung der Leitungsnetze auf Wirtschaftlichkeit außer den elektrischen Fragen vor allem die Kenntnis der für die Preisgestaltung von Leitungsmaterial und Transformatorstationen in betriebsfertigem Zustand geltenden Gesetzmäßigkeiten erfordert, welche im Zusammenhang nur wenigen Fachleuten zugänglich sind.

Die vorliegende Arbeit geht auf die für die Strom- und Spannungsverteilung in Netzen geltenden Gesetze[1]) nur insoweit ein, als sie für die Berechnung von Leitungsnetzen auf Wirtschaftlichkeit Bedeutung haben. Sie setzt sich hauptsächlich zur Aufgabe, die Möglichkeiten der Senkung der Verteilungskosten elektrischer Energie zu klären, welche bekanntlich den Hauptanteil der Kosten elektrischer Arbeit an der Stelle des Verbrauchs darstellen.

Es ist bekannt, daß bei einer wirtschaftlichen Energieverteilung die Summe der für Abschreibung und Verzinsung des Anlagekapitals einzusetzenden Jahresbeträge und der jährlichen Verlustkosten möglichst klein sein soll. Bei der Berechnung der Verlustkosten muß auch die durch

---

[1]) Siehe hierüber insbesondere: Schwaiger, »Hochspannungsleitungen«. Verlag Oldenbourg, München 1931. — Burger, »Berechnung von Drehstromkraftübertragungen«. Verlag Springer, Berlin 1931.

die Übertragungsverluste bedingte Vergrößerung des Kraftwerkes berücksichtigt werden. Als Hilfsmittel zur Erreichung größter Wirtschaftlichkeit dienen die Anwendung eines wirtschaftlichen Leitungsquerschnitts, einer wirtschaftlichen Übertragungsspannung[1]) und einer günstigsten Zahl von Transformatorstationen[2]). Auch durch geeignete Überlagerung von Netzen verschiedener Spannung[3]) können die Netzkosten herabgesetzt werden. Schließlich wird der Vermaschung von Nieder- und Mittelspannungskabelnetzen[4]) eine Steigerung der Wirtschaftlichkeit zugeschrieben.

Die meisten Arbeiten beschäftigen sich nur mit der Energieübertragung zwischen zwei Punkten[5]) und im besonderen mit Freileitungen. Bei der Berechnung von wirtschaftlichem Leitungsquerschnitt und wirtschaftlicher Übertragunsspannung für Kabel ergibt sich bei den bekannten Methoden die Schwierigkeit, daß die Kosten von Kabeln nicht allein durch den Gesamtquerschnitt und die Spannung gegeben sind, sondern daß die Zahl der parallel geschalteten Kabel bekannt sein muß. Da dies im allgemeinen im voraus nicht der Fall ist, kann sich bei Einführung der Querschnittsgröße eine richtige Lösung[6]) nur durch Probieren ergeben.

Die bekannten Methoden zur Berechnung flächenhafter Energieverteilungen[7]) sind auf den niedrigsten Anlagekosten eines Netzes bei einem maximal zulässigen Spannungsabfall zwischen Speisepunkt und Verbraucher aufgebaut. Demgegenüber erhebt sich die Frage, ob die Einführung des maximal zulässigen Spannungsabfalls im Niederspannungsnetz als konstant zu betrachtende Größe allgemein richtig ist. Es wäre denkbar, daß sich allgemein oder nur z. B. bei großen Flächendichten der Energie allein durch Einführung der Leitungskosten für eine als zulässig

---

[1]) Eimer, »Die wirtschaftlich günstigste Spannung für Fernübertragungen mittels Freileitungen«. Dissertation, München 1914 (Verlag Springer). — Jansen, ETZ 1926, S. 819. — Burger, »Berechnung von Drehstromkraftübertragungen«. Verlag Springer, 1931. — zur Megede, ETZ 1931, S. 1017.

[2]) Sengel, ETZ 1899, S. 807/826. — Herzog und Feldmann, »Die Berechnung elektrischer Leitungsnetze«. Verlag Springer, 1927. — Chrustschoff, Arch. f. El. XIII. Bd., 1924, S. 109; 1926, S. 341.

[3]) Schneider, »Probleme der wirtschaftlichen Kupplung von Elektrizitätsversorgungsgebieten«. Annalen der Betriebswirtschaft und Arbeitsforschung Bd. 3, Heft 3, S. 229.

[4]) Rühle, »Die Verteilung elektrischer Energie in Absatzgebieten großer Konsumdichte«. Elektr. Wirtschaft 1926, Sonderheft. — Aemmer, »Die zukünftige Gestaltung der Energieverteilung in New York«. Bullet. Schweiz. ETV v. 21. 1. 31. — Blake, »Network promises marked economies«. El. World 1931, v. 14. 3. — Wittich, »Drehstrom-Maschennetze mit Mehrfachspeisung«. E. u. M. 1931, S. 625. — Mestermann, »Niederspannungsmaschennetze mit Vielfachspeisung«. E. u. M. 1931, S. 816.

[5]) Siehe Literaturangabe 1, S. 2.

[6]) Burger, »Berechnung von Drehstromkraftübertragungen«. Verlag Springer, 1931.

[7]) Siehe Literaturangabe 2, S. 2.

oder zweckmäßig erscheinende Ausnützung von selbst kleinere als die zulässigen Spannungsabfälle ergeben. Es ist auch notwendig, die Verluste in den Leitungen und Transformatoren, und den Einfluß der Verteilerhochspannung und des Hochspannungskabelnetzes in die Rechnung einzuführen. Damit ergeben sich auch Gesichtspunkte über die Zweckmäßigkeit der Überlagerung von Netzen verschiedener Spannung.

Durch die Aufgabestellung ist der Aufbau der vorliegenden Arbeit festgelegt. Es gilt zunächst Grundgleichungen für die Kosten von Transformatorstationen und Leitungen sowie die Kosten für die darin entstehenden Verluste aufzustellen. Es zeigt sich, daß die Berücksichtigung der Verluste keine prinzipielle Änderung der Formelausdrücke gegenüber der reinen Berücksichtigung der Anlagekosten bedingt. Ausgehend von den Grundgleichungen, lassen sich — zunächst für einfach angelegte Netze und darauf aufbauend für beliebig gestaltete Netze — Gleichungen für die wirtschaftlich bedeutungsvollen Größen, wie beispielsweise wirtschaftliche Unterstationszahl, wirtschaftliche Netzgröße bei gegebener Verteilerspannung und wirtschaftliche Transformatorleistung, ableiten. Auch die bei gegebener Flächendichte und Netzgröße in Frage kommenden Anlage- und Betriebskosten lassen sich einwandfrei berechnen, und dadurch sowohl Bedingungsgleichungen für die günstigste Spannungsüberlagerung wie Unterlagen für Tariffragen ermitteln.

Die Tarifrechnungen in der Elektrizitätswirtschaft stützen sich meist auf das Gutachten des Enqueteausschusses über die deutsche Elektrizitätswirtschaft (1930), worin der Wiederbeschaffungswert der Verteilungsanlagen zu durchschnittlich RM. 700,— je kW geschätzt wird. Durch die vorliegende Arbeit ist es möglich, in Abhängigkeit der Flächendichte der Energie und den Abmessungen die Anlage- und Betriebskosten eines Verteilungsnetzes zu bestimmen. Wie zu erwarten ist, ergeben sich je nach der Niederspannung und der Verteilungsform wesentliche Unterschiede in den Anlagen- und Betriebskosten, so daß es nicht als zulässig angesehen werden kann, mit obigem Schätzungswert allgemein weiterzurechnen.

Die Ableitung von mathematischen Ausdrücken für die Anlage- und Betriebskosten von Transformatorstationen kann als für Kabel- und Freileitungsnetze gemeinsam geltend angesehen werden. Diese Ausführungen sollen deshalb den sich auf Kabel- bzw. Freileitungsnetze beziehenden Kapiteln vorangestellt werden. Bei der wirtschaftlichen Energieverteilung in großen Industrieanlagen sind die Bedürfnisse der Energieverbraucher besonders zu berücksichtigen. Der sich hierauf beziehende Abschnitt ist den Ausführungen über Kabelnetze angefügt.

Zusammenfassend kann gesagt werden, daß in der vorliegenden Arbeit ein neues Verfahren zur wirtschaftlichen Berechnung von flächenhaften Energieverteilungen entwickelt wird, das sowohl für neuanzulegende als zu erweiternde oder umzustellende Netze die jeweils günstigste

Verteilungsform, die wirtschaftlichen Unterstationszahlen und die günstigsten Spannungsverhältnisse zu ermitteln gestattet, wie auch einen Überblick über die in Frage kommenden Anlage- und Betriebskosten zu geben vermag.

II. Mathematische Grundgleichungen für die Anlage- und Betriebskosten von Transformatorstationen.

A. Anlagekosten von Transformatorstationen in Abhängigkeit von Scheinleistung, Spannung und Transformatorzahl.

Es will zunächst schwierig scheinen, für die Anlagekosten von Transformatorstationen einheitliche und einfache mathematische Ausdrücke zu finden. Je nach der Ausführung der Unterstationen werden sich sehr verschiedene Kosten ergeben können. Es gibt einfache Maststationen, bei denen die Transformatoren hochspannungsseitig überHochspannungssicherungen an das Netz angeschlossen sind. In ähnlicher Weise lassen sich kleinere Transformatoren auch in Kabelnetzen überHochspannungssicherungen an das Netz anschließen, wenn auf der Niederspannungsseite geeignete Schaltgeräte eingebaut werden, um mit der Hochspannungstrennsicherung nur den Leerlaufstrom schalten zu müssen. Bei größeren Leistungen, etwa über 250 kVA, ist die Abschaltung des Leerlaufstromes der Transformatoren mittels Hochspannngstrennsicherungen bedenklich. Es müssen Leistungsschalter auf der Hochspannungsseite der Transformatoren eingebaut werden in Form von gußgekapselten Schaltgeräten oder in offener Zellenbauweise für Einfach- und Doppelsammelschienensysteme. Für hohe Leistungen und Spannungen werden hauptsächlich Freiluftstationen zu berücksichtigen sein. In vermaschten Netzen wird endlich nach amerikanischem Vorbild der Transformator häufig direkt an das Hochspannungskabel angeschlossen, während auf der Sekundärseite ein sogenannter Rückwattschalter eingebaut wird. Außer diesen Apparaten kommen Speise- und Meßeinrichtungen, Hoch- und Niederspannungsabzweige in Frage, dazu die Einbaukosten für Transformator und Schaltgeräte.

Die Kosten der Transformatoren selbst zeigen einen annähernd linearen Anstieg in Abhängigkeit der Scheinleistung. Die Aufstellungsweise im bedeckten Raum oder im Freien hat ebenso wie die Oberspannung für Spannungen unter 30 kV nur einen geringen Einfluß auf die Kosten.

Die Kosten eines etwa vorgesehenen oberspannungsseitigen Transformatorschaltgeräts sind nur wenig abhängig von der Transformatorleistung. Ihre Höhe richtet sich vielmehr hauptsächlich nach der Kurzschlußabschaltleistung des Netzes und den Anforderungen, die an die

Umschaltbarkeit gestellt werden (Einfach- oder Doppelsammelschienensystem). Immerhin braucht man auch in sehr großen Kabelnetzen und bei mittleren Spannungen nicht mit Kurzschlußabschaltleistungen über 100 bis 200 MVA zu rechnen, weil es sich als zweckmäßig erwiesen hat, durch Drosselspulen die Kurzschlußleistungen auf obige Werte zu begrenzen. Die Hochspannungssicherungen kommen bei dem derzeitigen Stand ihrer Entwicklung nur für kleinere Transformatorleistungen als etwa 250 kVA in Frage. Bei großen Leistungen und hohen Spannungen tritt der Einfluß der Abschaltleistung auf die Kosten der Schaltgeräte gegenüber der Spannung selbst zurück.

Die Bauausführung von Transformatorzellen ist weitgehend normalisiert. Eingehende Untersuchungen über die Baukosten ergeben eine lineare Vergrößerung derselben mit wachsender Transformatorleistung.

Die Anzahl, und damit die Kosten, der Hoch- und Niederspannungsabzweige ist praktisch unabhängig von der Unterstationszahl. Sie können daher in diesem Zusammenhang unberücksichtigt bleiben. Die Kosten der Einrichtungen zur Speisung, zur Anzeige von Betriebszuständen und zur Zählung der Unterstationsleistung können bei gegebener Spannung in sehr großen Grenzen schwanken. Sie können unter Umständen sehr groß werden. Sie können aber auch praktisch vernachlässigbar sein, wenn z. B. Ringkabelschalter (s. Kapitel VIII E) verwendet werden, welche Öltrennschalter für Lastschaltung enthalten, und die Zählung der Energie nur in den Niederspannungsabgängen erfolgt. Zu den keiner allgemeinen Gesetzmäßigkeit folgenden Kosten gehören auch die anteiligen Baukosten für die Unterbringung der Schaltgeräte, wobei nur auf die Unterschiede im Raumbedarf offener Schaltanlagen gegenüber gußgekapselten Einheiten verwiesen werden soll. Der gesamte mit der Erstellung einer Unterstation verbundene, jedoch keiner näheren Gesetzmäßigkeit folgende Kostenanteil soll unter der Bezeichnung »K_f« zusammengefaßt werden. Es empfiehlt sich, bei Untersuchungen über eine wirtschaftliche Energieverteilung »K_f« zunächst gleich Null zu setzen, und nach Klärung der wirtschaftlichen Unterstationszahl und Verteilerspannungen zu versuchen, K_f so klein, als es der Betrieb der Anlage zuläßt, zu halten. Nur bei Spannungen über 30 kV und insbesondere bei Freileitungsnetzen, ist es zweckmäßig von vornherein einen gewissen Betrag für diesen Kostenanteil einzusetzen, dessen Höhe sich nach der Zahl der Speise-, Schalt- und Meßeinrichtungen richtet.

Für die Kosten einer Unterstation wird wesentlich sein, ob die auf eine Station entfallende, zu transformierende Leistung in einem oder mehreren Transformatoren umgesetzt wird. Die niedrigsten Baukosten für die Unterstationen eines Netzes werden sich zweifellos dann ergeben, wenn die Umsetzung in einem Transformator erfolgt. Bei Ausfall eines Transformators muß allerdings mit einem zeitweisen Ausfallen der Energieversorgung des Teilgebiets gerechnet werden, sofern nicht durch Vermaschung des Niederspannungsnetzes oder durch Ausgleichleitungen der Störung vorgebeugt werden kann. Das bedingt eine Vergrößerung der Transformatoren und Aufwendungen an Niederspannungskabeln. An Stelle dessen können auch je Station 2 Transformatoren aufgestellt werden, deren Leistung so bemessen ist, daß je nach örtlicher Notwendigkeit auch bei Ausfall eines Transformators der größte Teil oder die gesamte Energielieferung auf eine gewisse Zeit aufrechterhalten bleiben kann. In diesem Fall ergibt sich also eine größere Anzahl kleinerer Transformatoren, die bei normalen Betriebsverhältnissen nicht voll ausgenutzt sind, während besondere Aufwendungen an Niederspannungskabeln nicht erforderlich sind.

Mehr als 2 Betriebstransformatoren je Station zu konzentrieren bietet im allgemeinen keine weiteren Vorteile. Bei großen Netzen wird man auf eine gewisse Anzahl von Betriebstransformatoren einen normalerweise nicht eingeschalteten Reservetransformator beschaffen, der in irgendeiner günstig liegenden Station aufgestellt, und für Störungsfälle im Netz bereitgehalten wird.

Wenn die auf eine Transformatorstation entfallende Spitzenleistung als Summe der Maximalleistungen von Einzelverbrauchern errechnet wurde, ist auf den Verschiedenheitsfaktor v[1][2]) Rücksicht zu nehmen, der eine Verringerung der Stationsleistung ergibt.

Nach obigen Ausführungen muß ein mathematischer Ausdruck für die Kosten von Transformatorstationen vor allem von den auf die Station entfallenden Transformatoreinheiten einschließlich der zugehörigen Baukosten und der oberspannungsseitigen bzw. bei vermaschten Netzen der Rückwatt-Schaltgeräte ausgehen, während für die Kosten der Speise- und Meßeinrichtungen eine den örtlichen Verhältnissen anzupassende Konstante K_{xf} eingeführt wird. Da Transformatorkosten selbst, Baukosten und die Kosten der Schaltgeräte je eine lineare Abhängigkeit von der Transformatorleistung zeigen, so wird auch ihre Summe demselben Gesetz gehorchen. Es ist deshalb möglich und zur Erlangung einer einfachen Formel zweckmäßig, diese Kosten zusammenzufassen.

Eine auf den Preisen verschiedener Elektrizitätsfirmen fußende Untersuchung der **Anlagekosten je kVA für fertig installierte Transformatoren mit Zubehör** ergab für alle Spannungen, daß diese Kosten mit großer Annäherung folgendem Gesetz gehorchen:

$$k_{Tr} = \left(\frac{U_h^2 + \delta_1}{\delta_2 \cdot L_{Tr_s}} + \delta_3\right) \text{RM./kVA} \quad \ldots\ldots\ldots \quad (1)$$

---

[1]) Dettmar, »Über den Ausgleich der Einzelbelastungen bei Elektrizitätswerken (Verschiedenheitsfaktor)«. ETZ 1926, S. 33.

[2]) Schnaus, »Verschiedenheitsfaktor, Wahrscheinlichkeitstheorie und ihre Anwendung in elektrowirtschaftlichen Rechnungen«. ETZ 1931, S. 441.

Hierin sind U_h die Oberspannung in kV,

L_{Tr_s} die Transformatorscheinleistung in kVA,

δ_1, δ_2, δ_3 Konstanten, welche der Ausführung der Station, dem jeweiligen Leistungs- und Spannungsbereich und der für die betreffende Anlage geltenden Preishöhe anzupassen sind.

Bei den derzeitigen Preisverhältnissen ergeben sich für gutprojektierte und einfach erstellte Anlagen folgende Zahlenwerte:

Aufstellung 1.

Ausführung der Station	Spannungsgrenzen kV	Transformatorleistungsbereich kVA	Sammelschienensystem	δ_1	δ_2	δ_3
Gedeckt, hochspannungsseitiger Transformatoranschluß über Trennsicherungen	1 bis 30/60	25 bis 1000	Einfachsammelschiene	1100	0,84	9,5
Gedeckt, hochspannungsseitiger Transformatoranschluß über Ölschalter für 100 bis 150 MVA Kurzschlußabschaltleistung	1 bis 30/60	100 bis 3200	Einfachsammelschiene oder Ringkabel	210	0,067	9,2
			Einfachsammelschiene oder Ringkabel	210	0,063	10,0
			Doppelsammelschiene	225	0,050	10,5
Gedeckt, Maschennetzstation	1 bis 30/60	100 bis 2000	Einfachsammelschiene	3450	0,85	10
Freiluftstationen	30 bis 200 kV	2500 bis 100000	Doppelsammelschiene	3600	0,14	4,2

Die Genauigkeit des Formelausdruckes (1) kann durch Verkleinerung des Leistungsbereichs und kleine Änderungen der Zahlenwerte beliebig gesteigert werden. Immerhin ergaben sich selbst bei obigen Leistungsbereichen bei der zugrundegelegten Ausführungsform und Preishöhe nur Abweichungen von meist unter 5%, maximal von 10% für die Formel gegenüber den tatsächlichen Kostenwerten. Solche Abweichungen der Formelwerte von 5 bis 10% gegenüber den praktischen Kosten können nach Ansicht des Verfassers zugelassen werden, da die Normalisierung der Typenleistungen nach Festlegung der wirtschaftlichen Transformatorleistung unter Umständen zur Wahl einer wesentlich größeren als der errechneten Transformatorleistung zwingt, womit sich noch größere Abweichungen als 10% ergeben können.

Bei Hochspannungsanschluß über Leistungsölschalter muß für die Betriebsspannung 15 kV die Gültigkeit der Formel (1) insofern eingeschränkt werden, als durch »die Regeln für die Konstruktion, Prüfung und Verwendung von Wechselstromhochspannungsgeräten für Schaltanlagen R. E. H. 1929« für die Betriebsbespannung 15 kV dieVerwendung von Geräten der Reihe 20 vorgeschrieben ist, so daß bei 15 kV Betriebsspannung in die Formel $U_h = 20$ kV einzusetzen ist.

In Abb. 1 sind die sich nach Formel (1) ergebenden Werte für k_{Tr} graphisch in Abhängigkeit der Spannung aufgetragen, und zwar für Anschluß der Transformatoren über Ölschalter, über Hochspannungssicherungen sowie in Ausführung für Maschennetzstationen.

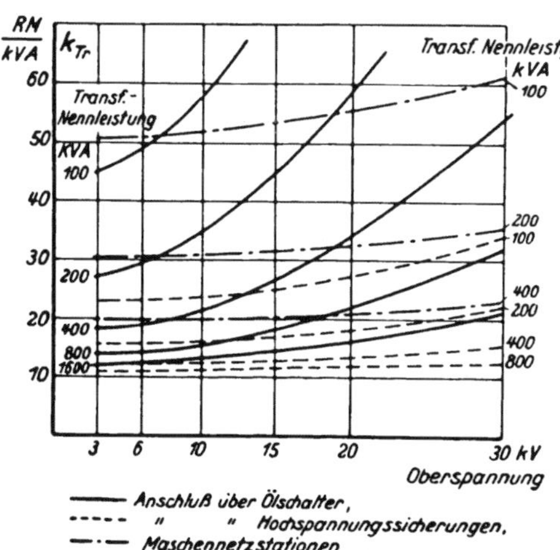

Abb. 1. Anlagekosten je kVA fur fertig installierte Transformatoren mit Zubehor (nach Formel 1) in Abhangigkeit von Spannung und Leistung.

Für die Anwendung der Formel (1) auf Verteilungsnetze ist es meist notwendig, die Kosten der Transformatoren nicht auf die Transformatornennleistung, sondern auf die dem Transformator zugeordnete Netzspitzenleistung zu beziehen. Gegenüber dieser Netzspitzenleistung wird die Betriebstransformatornennleistung im allgemeinen größer sein. Dieses Verhältnis von Betriebstransformatornennleistung zu Netzspitzenleistung wird mit Reservefaktor r_{Tr_1} bezeichnet (»betriebsbereite Transformatorenreserve« nach Rühle). Außer dieser Reserveleistung in den Betriebstransformatoren wird vielfach als Bereitschaft für Störungen eine Anzahl normalerweise nicht eingeschalteter Reservetransformatoren derselben Nennleistung wie die Betriebstransformatoren vorhanden sein. Das die Erhöhung der Betriebstransformatorleistung durch die normalerweise nicht arbeitende Reservetransformatorleistung (»ruhende Transformatorreserve«) kennzeichnende Verhältnis soll als Reservefaktor r_{Tr_2} bezeichnet werden. Führt man weiter noch mit Θ die Zahl der Betriebstransformatoren einer Station und mit L_{S_s} kVA die auf die Station entfallende Netzspitzenleistung ein, so lassen sich die gesamten Kosten einer Unterstation ohne Hoch- und Niederspannungsabzweige wie folgt ausdrücken:

$$K_x = \left(r_{Tr_2} \cdot \Theta \cdot \frac{(U_h^2 + \delta_1)}{\delta_2} + r_{Tr_1} \cdot r_{Tr_2} \cdot \delta_3 \cdot L_{S_s} + K_{x_f} \right) \text{RM.} \quad . \quad (2)$$

oder abgekürzt:

$$K_x = (k_{x_1} \cdot \Theta \cdot (U_h^2 + \delta_1) + k_{x_2} \cdot L_{S_s} + K_{x_f}) \text{RM.} \quad . \quad . \quad . \quad (2a)$$

Häufige Werte für die Reservefaktoren sind $r_{Tr_1} = 1{,}2$ bis $1{,}5$, $r_{Tr_2} = 1{,}1$ bis $1{,}5$. Damit können k_{x_1} und k_{x_2} mit Hilfe der Aufstellung 1 bestimmt werden.

Wenn in den Stationen besondere Aufwendungen für Speise- und Meßeinrichtungen sowie für die bauliche Unterbringung der Schalt- und Meßapparate notwendig werden, muß für K_{xf} ein den besonderen Verhältnissen angepaßter Betrag eingesetzt werden, für den allerdings eine Gesetzmäßigkeit nur in seltenen Fällen besteht. Bei Freiluftstationen kann man vielfach in Annäherung den Preis von 2 Speise- und Meßfeldern für K_{xf} einsetzen, welcher etwa folgender Bedingung gehorcht:

$$K_{x_f\,\text{Freiluftstat.}} = \left(\frac{U_h^2 + \delta_4}{\delta_5}\right) \text{RM.}, \quad \ldots\ldots\ldots \quad (3)$$

wobei sich für bestimmte Fälle $\delta_4 = 16000$,
$\delta_5 = 0{,}25$
ergab.

B. Kosten der jährlichen Transformatorverluste in Abhängigkeit von Scheinleistung und Oberspannung.

Bei den Transformatorverlusten kann bekanntlich zwischen Wicklungsverlusten und Leerlaufverlusten unterschieden werden. Die Serientransformatoren unter etwa 2000 kVA Nennleistung für Oberspannungen unter 30 kV zeigen bei verschiedenen Firmen nur geringe Unterschiede in den Verlustwerten[1]), so daß für diese ohne wesentliche Abweichungen einheitliche Formeln aufgestellt werden können. Für Großtransformatoren geben die Elektrofirmen je nach Verwendungszweck, Preis und Kühlungsart sehr verschiedene Verlustwerte an, so daß es sich für solche Zwecke empfiehlt, die im folgenden angegebenen Konstanten jeweils den besonderen Verhältnissen anzupassen.

Bis zu den höchsten Spannungen sind üblicherweise die Wicklungsverluste bei Vollast für Transformatoren derselben Leistung praktisch unabhängig von der Spannung. Sie ändern sich etwa linear mit der Transformatorscheinleistung. Bei Belastungsänderungen ergeben sich bekanntlich quadratische Änderungen der Wicklungsverluste, so daß sich für die Jahreskosten der Wicklungsverluste eines Transformators bei L_{S_s} kVA Spitzenleistung folgende Beziehung herzuleiten läßt:

$$K_{Tr_{V_1}J} = \left(\frac{\gamma_1}{r_{Tr_1}^2} + \frac{\gamma_2 \cdot L_{S_s}}{r_{Tr_1}}\right) \cdot h_{V_s} \cdot g_h \ \text{RM./Jahr.} \quad \ldots\ldots \quad (4)$$

Die Leerlaufverluste eines Transformators und damit deren Kosten sind von der Spannung und Leistung abhängig, entsprechend folgender Näherungsgleichung:

$$K_{Tr_{V_2}J} = |\gamma_3 + (\gamma_4 \cdot U_h + \gamma_5)\, r_{Tr_1} \cdot L_{S_s}|\, g_h \cdot t \ \text{RM./Jahr.} \quad \ldots \quad (5)$$

[1]) Siehe Angaben der Preisliste M 20 b der SSW vom August 1929 und der Liste T II von Koch & Sterzel vom Jahre 1929.

Hierin bedeuten g_h der Strompreis in RM.,

t = die Anzahl der Jahresstunden, während der der Transformator an Spannung liegt,

h_{V_x} = jährliche Verluststundenzahl bezogen auf Scheinspitzenleistung,

γ_1, γ_2, γ_3, γ_4 und γ_5 = Konstanten, deren Zahlenwerte eine gewisse Abhängigkeit von dem Transformatorleistungs- und Spannungsbereich aufweisen (Aufstellung 2).

Aufstellung 2.

Transformator-oberspannungsbereich kV	Transformator-leistungsbereich kVA	γ_1	γ_2	γ_3	γ_4	γ_5
1 bis 30/60	100 bis 2000	1	0,012	0,18	0,00007	0,0036
30 bis 200	2500 bis 100000	25	0,006	7,5	0,000007	0,0021

In den Listen der Firmen wird eine Toleranz von 10% für die Transformatorverlustziffern beansprucht, während die Abweichungen von den Formeln (4) und (5) bei Verwendung der Konstanten der ersten Zeile von Aufstellung 2 für Nennleistungen zwischen 100 und 2000 kVA kleiner als 5% sind. Bei einem 50 kVA-Transformator liegt der Fehler von Formel (4) und (5) gegenüber den Listenwerten etwa 8,5% über der Toleranzgrenze.

Bei der Errechnung der Konstanten für Spannungen von 30 bis 200 kV ist in Übereinstimmung mit den praktischen Verhältnissen angenommen, daß bei Spannungen unter 60 kV im wesentlichen nur Transformatorleistungen von 2500 bis 10000 kVA, bei der Oberspannung 100 kV nur Transformatorleistungen zwischen 10000 und 50000 und bei der Oberspannung 200 kV im wesentlichen nur Transformatorleistungen zwischen 30000 und 100000 kVA in Frage kommen. Die sich nach den Gl. (4) und (5) errechnenden Verlustwerte stellen Mittelwerte dar. welche teilweise von einzelnen Firmen unterschritten werden.

C. Jährliche Betriebskosten für Transformatorstationen.

Die jährlichen Betriebskosten für Transformatorstationen setzen sich aus den für die Abschreibung und Verzinsung des Anlagekapitals aufzubringenden Beträgen, den Kosten der Wicklungs- und Leerlaufverluste in den Transformatoren und etwaigen Kosten für Wartung der Anlagen zusammen. Der letztere Anteil braucht in diesem Zusammenhang nicht berücksichtigt zu werden. Nach den Ergebnissen der vorigen Abschnitte lassen sich die jährlichen Betriebskosten für eine Transformatorstation durch folgenden Formelausdruck darstellen:

$$
\begin{aligned}
K_{xJ} = {} & p_{Tr} \cdot r_{Tr_2} \cdot \frac{\Theta}{\delta_2} \cdot (U_h^2 + \delta_1) + K_{xf} + \Theta \cdot g_h \cdot \left(\frac{h_{V_s} \cdot \gamma_1}{r_{Tr_1}^2} + t \cdot \gamma_3\right) \\
& + L_{S_s} \Bigg[p_{Tr} \cdot r_{Tr_1} \cdot r_{Tr_2} \cdot \delta_3 + g_h \cdot r_{Tr_1} \cdot t \cdot \gamma_4 \cdot U_h \\
& \qquad + g_h \cdot r_{Tr_1} \left(\frac{h_{V_s} \cdot \gamma_2}{r_{Tr_1}^2} + t \cdot \gamma_5\right)\Bigg] \text{ RM./Jahr} \quad \ldots \ldots \quad (6)
\end{aligned}
$$

oder abgekürzt:

$$
\begin{aligned}
K_{xJ} = {} & \left(\Theta \cdot k_{Tr_1} (U_h^2 + \delta_1) + K_{x_{fJ}} + \Theta \cdot k_{Tr_{V_1}}\right) \\
& + L_{S_s} (k_{Tr_2} + k_{Tr_{V_2}} \cdot U_h + k_{Tr_{V_3}}) \text{ RM./Jahr} \quad \ldots \ldots \quad (6\text{a})
\end{aligned}
$$

Man kann in der Formel (6a) einen leistungsunabhängigen Ausdruck — Klammer 1 — und einen leistungsabhängigen Anteil — Klammer 2 — unterscheiden. Der in Formel (6) neu eingeführte Faktor p_{Tr} stellt die jährliche Kapitalquote für Transformatorstationen dar, welche in dieser Arbeit meist = 0,15 gesetzt wird.

Die leistungsunabhängigen Anlage- und Betriebskosten einer Unterstation werden in den folgenden Wirtschaftlichkeitsrechnungen eine wesentliche Bedeutung bekommen. In Anlage I sind deshalb einige Zahlenwerte wiedergegeben, welche sich mit den Konstanten der Zahlentafeln 1 und 2 für bestimmte, angegebene Voraussetzungen errechnen.

Mit den bisher entwickelten Formeln können die Anlage- und Betriebskosten von Transformatorstationen für beliebige Verhältnisse bestimmt werden. Bei grundlegenden Preisänderungen für Transformatoren oder Schaltgeräte können die Konstanten δ_1 bis δ_3 und γ_1 bis γ_5 neu ermittelt werden.

III. Mathematische Grundgleichungen für die Anlage- und Betriebskosten von Drehstromkabeln.

Zur Bestimmung der Anlage- und Betriebskosten von Drehstromkabelnetzen werden außer den Formelausdrücken für Transformatorstationen noch die Anlage- und Betriebskosten von Kabeln benötigt. Es werden zunächst hierfür mathematische Gleichungen abgeleitet, welche die zu übertragende Scheinleistung, die Spannung, den zu verwendenden Kabelquerschnitt, die zweckmäßigste Belastung (wirtschaftliche Stromdichte) und die verschiedenen Verlegungsarten berücksichtigen. Die folgenden Ausdrücke gelten allgemein bis 30 kV Betriebsspannung, jedoch haben sie annähernd auch für 60-kV-Dreileiterkabel Gültigkeit. Von 100 kV ab müssen nach dem heutigen Stand der Technik Einleiterkabel verwendet werden, die eine sprunghafte Verteuerung gegenüber Dreileiterkabeln zur Folge haben.

A. Kabelkosten in Abhängigkeit von Querschnitt und Spannung.

Die Kosten eines Dreileiterkabels je km in Abhängigkeit vom Leitungsquerschnitt können durch folgende Gleichung ausgedrückt werden:

$$K = (A + B \cdot q) \text{ RM./km} \quad \ldots \ldots \ldots \quad (7)$$

Hierin bedeuten q den Leistungsquerschnitt je Phase in mm^2, A und B Konstanten. Der Wert A ist hauptsächlich abhängig von der Spannung und vom Bleipreis. Der Wert B ist hauptsächlich vom Kupfer- und Bleipreis abhängig und ändert sich nur verhältnismäßig wenig mit der Spannung. In der Anlage II sind für runde Dreileiterkabel mit Stahlbandarmierung und verschiedene Betriebsspannungen ungefähre Zahlenwerte für A und B angegeben, wobei ein gewisser Prozentsatz für Verbindungsmuffen eingerechnet ist. Bei Anwendung von Sektorkabeln an Stelle von Rundkabeln ergeben sich um etwa 5 bis 10% niedrigere Preise. Die speziellen Kabelpreise sind auf der Basis eines Kupferpreises von RM. 130,—/100 kg und eines Bleipreises von RM. 35,—/100 kg errechnet. Diese Preise sollen auch den folgenden Rechnungsbeispielen zugrunde gelegt werden. Die Umrechnung auf beliebige Kupfer- und Bleipreise ergibt sich aus Anlage II.

Die Annahme einer linearen Abhängigkeit der Konstanten A von der Spannung, wie sie in der Literatur[1]) teilweise eingeführt wird, ergibt bedeutende Abweichungen bei höheren Spannungen als 10 kV, abgesehen davon, daß sie die nach Anlage II immerhin beträchtliche Spannungsabhängigkeit der Konstanten B vernachlässigt. Der Wert einer solchen Formel wäre zudem gering, weil sie die Kenntnis der Zahl der parallelen Leitungen voraussetzen würde, da die Gesamtkosten der Kabel nicht allein durch Länge, Gesamtquerschnitt und Spannung gegeben sind.

B. Kabelverlegungskosten bei verschiedenen Verlegungsarten.

Die Kabelverlegungskosten sind selbstverständlich in gewissem Maße abhängig von den örtlichen Verhältnissen, den Arbeitslöhnen und der Anzahl der gleichzeitig verlegten Kabel. Sie sind aber vor allem abhängig von der Verlegungsart. Man kann im wesentlichen drei Arten von Kabelverlegungen unterscheiden:

1. Die Verlegung armierter Erdkabel von Hand oder mittels Winden,
2. die Verlegung blanker Bleikabel in Röhrensystemen,
3. die Verlegung von Kabeln über Erde (Luftkabel).

Die maschinelle Verlegung von Kabeln hat sich bisher in Deutschland nicht in praktisch bedeutungsvollem Umfang einführen lassen. Die Kabelverlegung an Bahnkörpern soll hier ebenfalls unberücksicht bleiben.

---

[1]) Burger, »Berechnung von Drehstromkraftübertragungen«. Verlag Springer, Berlin 1931.

In Deutschland ist die Verlegung armierter Erdkabel am häufigsten; die übliche Verlegungstiefe ist 0,70 m, zum Schutz der Kabel werden Backstein- oder Schalenabdeckungen, bei Hochspannungskabeln auch Backsteinzwischenlagen zwischen je 2 Kabeln verwendet. Meist erfolgt das Einziehen von Hand über Leitrollen. Versuche haben gezeigt, daß bei umfangreicheren Kabelverlegungen, besonders bei mehreren im selben Graben zu verlegenden Kabeln, die Verwendung von Winden wesentliche Ersparnisse gegenüber dem Einziehen der Kabel von Hand bringen kann. Selbstverständlich ist hierbei gute Arbeitsvorbereitung und das Vorhandensein gewisser Spezialwerkzeuge notwendig.

Die Verlegung blanker Bleikabel in Röhrensystemen (Betonblöcken) ist vor allem in Amerika sowohl in städtischen als auch in industriellen Netzen verbreitet. Die Vorteile dieser Verlegungsart bestehen unbestreitbar darin, daß beim Nachziehen von Kabeln ein Neuaufgraben des Bodens nicht mehr zu erfolgen braucht, sowie daß bei Neuanlage von Straßen die Röhrensysteme vor Fertigstellung der Straße eingebaut werden können. Ihr Nachteil ist die gegenüber Erdkabeln wesentlich verschlechterte Wärmeabfuhr, die zu bedeutender Herabsetzung der zulässigen Kabelbelastung zwingt (s. V.S.K. 1928, § 11). Dieser Nachteil ist so groß, daß bei den in Deutschland üblichen Preisen die Kosten der verlegten Kabel für das übertragbare kVA bei Verlegung in Röhrenblöcken selbst dann wesentlich höher werden als bei Erdkabelverlegung, wenn der Bau der Röhrenblocks vor Fertigstellung der Straße und die Erdkabelverlegung für jedes Kabel einzeln nach Fertigstellung der Straße vorgenommen wird. Dies trifft besonders bei Hochspannungskabeln zu. Diese Verlegungsart kommt in Deutschland bei den jetzigen Preisverhältnissen also nur dann in Frage, wenn wenig Platz zur Verfügung steht, oder eine etwa durch das Kabelgraben bedingte Verkehrsstörung besonders hoch bewertet, oder mit einer längeren Dauer der Grabarbeiten und umfangreichen Abdeckmaßnahmen gerechnet werden muß.

Die Verlegung von Kabeln über Erde ist gegenüber der Erdkabelverlegung nur dann wirtschaftlich, wenn geeignete Unterstützungskonstruktionen, wie Brücken, Stege oder Maste, vorhanden sind. Meist ist jedoch bei Benützung solcher Konstruktionen mit einer Vergrößerung der Kabellängen, mindestens durch das Steigen und Fallen der Kabel zu rechnen, die etwaige Ersparnisse ausgleichen. Ihre Anwendung beschränkt sich daher auf Spezialfälle, die hier nicht weiter behandelt werden sollen.

Den folgenden Rechnungen sind die in der Anlage III zusammengestellten Grundpreise für Kabelverlegungskosten je m Kabel für 3 verschiedene Straßendecken zugrunde gelegt, die auf genauen Kalkulationen beruhen, und nach Feststellungen des Verfassers sowohl für industrielle als auch für städtische Netze als gute Mittelwerte gelten können. Wenn auf Grund spezieller örtlicher Verhältnisse wesentlich höhere oder wesentlich niedrigere Kabelverlegungskosten in Frage kommen, kann dies durch Änderung der später eingeführten Kostenwerte für verlegte Kabel berücksichtigt werden.

Die Kabelverlegungskosten sind praktisch unabhängig vom verlegten Leitungsquerschnitt. Die Aufstellung in Anlage III zeigt wesentliche Verteuerungen der Verlegungskosten bei harten Straßendecken, so daß es sich empfiehlt, in Straßen mit starker Kabelbelegung den Kabeln bestimmte Linienzüge zuzuweisen, in denen der Straßenbelag gelockert ist, was in Städten z. B. mit Grünstreifen zu erreichen ist.

C. Wirtschaftliche Stromdichte und Kabelreservefaktor.

Im vorhergehenden Abschnitt wurde bereits festgestellt, daß die Verlegungskosten praktisch unabhängig sind vom Kabelquerschnitt. Sie üben deshalb keinen Einfluß auf den günstigsten Kabelquerschnitt für eine gegebene Belastung aus. Hierfür sind die jährlichen Verlustkosten des Kabels maßgebend. Wenn nicht der Spannungsabfall[1]) für die Wirtschaftlichkeit entscheidet, können die Kostenwerte auf eine Einheitslänge bezogen werden, wofür die jährlichen Gesamtkosten je Spitzen kVA betragen:

$$K_J = \left(\frac{(A + B \cdot q)\, p_l}{L_{S_s}} + \frac{r_s \cdot g \cdot h_{V_s} \cdot L_{S_s}}{q \cdot U^2} \right) \text{RM.} \quad \ldots \quad (8)$$

Hierin sind

L_{S_s} = maximal mit der zugrundegelegten Zahl von Kabeln übertragbare Scheinleistung in kVA,

A, B = aus Abschnitt A dieses Kapitels übernommene Konstanten,

q = Kabelquerschnitt in mm² je Phase,

p_l = jährliche Kapitalquote (in diesem Zusammenhang meist 0,15 angenommen),

r_s = spezifischer Widerstand, bezogen auf 1 m und mm²,

h_{V_s} = jährliche Verluststundenzahl, bezogen auf die Verluste bei Spitzenleistung,

$g = \frac{a \cdot T}{h_{V_s}} + b$ = Kosten einer kWh in RM.,

$a \cdot T$ = jährliche feste Kosten des Kraftwerkes je kVA,

b = arbeitsabhängige Kosten einer kWh in RM.,

U = Betriebsspannung in kV.

Bei den jährlichen Verlustkosten sind die durch die dielektrischen Kabelverluste bedingten Kosten vernachlässigt (s. Abschnitt III E). Es sei auch daran erinnert, daß die Formel (7), auf welche die Formel (8)

---

[1]) Die späteren Netzberechnungen beweisen, daß über einer gewissen Flächendichte der Energie bei wirtschaftlicher Unterstationszahl der maximal zulässige Spannungsabfall im Niederspannungsnetz nicht mehr erreicht wird.

aufgebaut ist, nur für eine bekannte Zahl von Kabeln und für eine bestimmte Spannung gilt. Unter diesen Voraussetzungen läßt sich aus Formel (8) durch Differentiation nach q die bekannte Jansensche Formel[1]) für die wirtschaftliche Stromdichte j_w ableiten:

$$j_w = \sqrt{\frac{B \cdot p_l}{3 \cdot r_s \cdot g \cdot h_{V_s}}} \text{ A/mm}^2 \quad \ldots \ldots \ldots \quad (9)$$

Nach Formel (9) ist die wirtschaftliche Stromdichte j_w unabhängig von der Übertragungslänge und dem verwendeten Leitungsquerschnitt. Bei einer bestimmten zu übertragenden Leistung ergeben sich daher die niedrigsten Kosten bei einer möglichst kleinen Kabelanzahl. Da die Konstante B nach Anlage II mit wachsender Spannung größer wird, steigt damit auch die wirtschaftliche Stromdichte. In derselben Richtung wirkt der Umstand, daß mit wachsender Spannung im allgemeinen die Verluststromkosten niedriger eingesetzt werden können. Durch Umformung von Gl. (9) läßt sich nachweisen, daß bei wirtschaftlicher Stromdichte die festen vom Kabelquerschnitt abhängigen Jahreskosten gleich den jährlichen Verlustkosten sein müssen. Bei Abweichungen von der wirtschaftlichen Stromdichte ändern sich die jährlichen Gesamtkosten nur wenig. Bei einer Erhöhung der Stromdichte um 33% erhöhen sich die Jahreskosten um etwa 7%, bei einer Erniedrigung der Stromdichte um 25% nur um etwa 3%.

In bezug auf die Bewertung einer Verlust-kWh sind je nach den besonderen Verhältnissen des Netzes verschiedene Auffassungen denkbar. Bei der Neuanlage eines Netzes und Kraftwerks ist es richtig, bei der Bemessung des Preises g einer Stromverlust-kWh die Verluststundenzahl und die Anzahl der vorausgegangenen Transformierungen zu berücksichtigen, so daß sich im allgemeinen bei niedrigen Spannungen höhere Strompreise ergeben. Wenn es sich jedoch um die Beurteilung von verlustsparenden Maßnahmen in einem vorhandenen, aus irgendeinem Grund nicht voll ausgenutzten Kraftwerk und Verteilernetz handelt, so ist dem Preise für die Verlust-kWh nur die bei deren Wegfall zu erwartende Verminderung des Kohlenverbrauchs zugrunde zu legen. Im ersten Fall werden sich daher kleinere wirtschaftliche Stromdichten ergeben als im zweiten Fall. Wenn der Strompreis für alle Verluststundenzahlen h_{V_s} als gleich angenommen wird, ergeben sich große Unterschiede in den wirtschaftlichen Stromdichten je nach h_{V_s}; wenn jedoch der Strompreis unter Berücksichtigung der Verlustleistung im Kraftwerk von h_{V_s} abhängig gemacht wird, werden die wirtschaftlichen Stromdichten für verschiedene h_{V_s} mehr zusammengedrängt.

In den folgenden Rechnungen und Abbildungen werden folgende Strompreise angenommen:

---

[1]) Jansen, ETZ 1926, S. 819. — Burger, ETZ 1929, S. 74. — W. zur Megede, ETZ 1931, S. 1017.

Für Hochspannungen bei Zwei- und Dreispannungsnetzen:

$$g = \left(\frac{48}{h_{V_s}} + 0{,}012\right) \text{ RM./kWh.}$$

Für Mittelspannungen bei Dreispannungsnetzen:

$$g = \left(\frac{54}{h_{V_s}} + 0{,}016\right) \text{ RM./kWh.}$$

Für Niederspannungen:

$$g = \left(\frac{72}{h_{V_s}} + 0{,}018\right) \text{ RM./kWh.}$$

In den Abb. 2 und 3 sind die nach V.S.K. 1928 zulässigen Stromdichten den wirtschaftlichen für verschiedene Verluststundenzahlen und den Spannungen 1 und 30 kV in Abhängigkeit vom Leitungsquerschnitt gegenübergestellt. Bei den Kabelpreisen sind die in Anlage II für einen Kupferpreis von RM. 130,—/100 kg und einen Bleipreis von RM. 35,—/100 kg angegebenen Werte für B zugrunde gelegt. Für andere Kupfer- und Bleipreise kann mit Hilfe von Anlage II leicht eine Umrechnung vorgenommen werden. Die nach V.S.K. 1928 zulässigen Stromdichten sind mit Rücksicht auf eine höchstzulässige Kabelerwärmung von 25° C aufgestellt. Sie sind deshalb von der Anzahl der beieinander liegenden Kabel und der Verlegungsart in Erde oder in Röhrensystemen abhängig und fallen etwa quadratisch mit wachsendem Kabelquerschnitt und in geringem Maße mit wachsender Spannung, im Gegensatz zu den wirtschaftlichen Stromdichten nach Gl. (9), welche unabhängig vom Kabelquerschnitt sind und mit wachsender Spannung steigen.

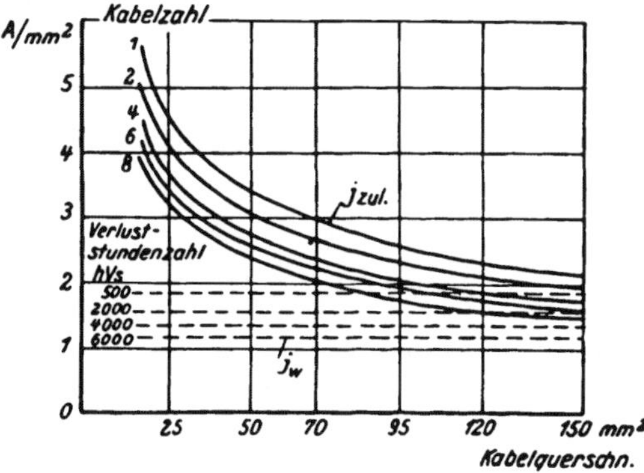

Abb. 2. Zulässige (j_{zul}) und wirtschaftliche (j_w) Stromdichten für Kabel mit Betriebsspannungen unter 1 kV in Abhängigkeit vom Kabelquerschnitt.

Besonders bei kleinen Verluststundenzahlen und hohen Spannungen ist die Gefahr vorhanden, daß die wirtschaftlichen Stromdichten über den nach der Erwärmung zulässigen liegen, so daß sie nicht eingehalten werden können. Man müßte deshalb je nach Kabelanzahl, Verluststundenzahl und Spannung einmal mit wirtschaftlicher Stromdichte nach Gl. (9), meist aber doch nach der hinsichtlich der Erwärmung zulässigen Stromdichte arbeiten. Auf die wirtschaftliche Stromdichte läßt sich also eine den gesamten Spannungsbereich erfassende Formel für die Kosten von Kabeln nicht aufbauen, ganz abgesehen davon, daß ja der Ausdruck für die wirtschaftliche Stromdichte von der Kabelanzahl abhängig ist. Außerdem sind für den Betrieb von Kabelnetzen oft ganz andere Gesichtspunkte vorherrschend als die des Fahrens mit wirtschaftlicher Stromdichte. Es muß dafür gesorgt werden, daß in gewissen Betriebsfällen noch eine einwandfreie Stromversorgung der Verbraucher gewährleistet ist, wodurch sich eine gegenüber der maximal möglichen Kabelbelastung notwendige Kabelreserve ergibt[1]). Auch die Rücksicht auf Neuzugang zwingt oft zu einer Reservehaltung. Außerdem wird wohl in allen Kabelnetzen die Einhaltung gewisser normalisierter Kabelquerschnitte angestrebt werden, für welche dann auch die nach den Normalien zugelassenen Stromdichten bekannt sind. Es ist deshalb zweckmäßig, in die Wirtschaftlichkeitsrechnungen nicht die wirtschaftliche, sondern die zulässige Stromdichte j_{zul} in Verbindung mit einem die Ausnutzung bei Spitzenleistung kennzeichnenden »Reservefaktor« r_l einzuführen. Dieser Reservefaktor wird möglichst so gewählt werden, daß sich eine etwa der wirtschaftlichen entsprechende Stromdichte ergibt. Die Anwendung dieser Begriffe auf Netze wird durch die wohl in allen Netzen angestrebte Normalisierung der für eine bestimmte Spannung zu verlegenden Kabelquerschnitte erleichtert, so daß j_{zul} als konstant angesehen werden kann. Der Reservefaktor ändert sich von Abnahmestelle zu Abnahmestelle, besonders dann, wenn eine Abstufung des Leitungsquerschnitts entsprechend der verringerten Stromführung nicht vorgenommen wird.

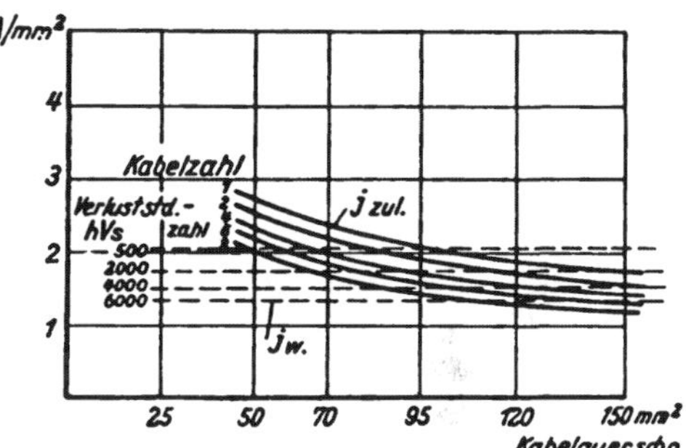

Abb. 3. Zulässige (j_{zul}) und wirtschaftliche (j_w) Stromdichten für Kabel von 30 kV Betriebsspannung in Abhängigkeit vom Kabelquerschnitt.

In Netzen kommt es nun ab und zu vor, daß außer einem Überschuß an Leitungsquerschnitt auch Mehrlängen gegenüber den kleinstmöglichen durch die Straßenzüge gegebenen installiert werden. Während sich der Überschuß an Leitungsquerschnitt auf die Verlustkosten vermindernd auswirkt, ergeben die Mehrlängen eine Erhöhung der Stromverluste. Auf die Anlagekosten wirken sich beide gleichermaßen aus. Man kann nun 2 Reservefaktoren einführen, von denen der die Anlagekosten von Kabelverteilungen beeinflussende Reservefaktor r_{l_1} definiert

[1]) Rühle, »Verteilung elektrischer Energie«. Elektrizitäts-Wirtschaft 1926, Sonderheft.

ist durch das Verhältnis der Summe der Produkte von maximalmöglicher Durchgangsleistung mal zugehöriger wirklicher Länge aller Teilstrecken des Netzes zu der Summe der Produkte aller wirklich auftretender maximaler Durchgangsleistungen mal zugehöriger kleinstmöglicher Länge, also

$$r_{l_1} = \frac{\Sigma\,(L_{s\,zul} \cdot l_{tats})}{\Sigma\,(L_{S_s} \cdot l_{min})} \quad . \; . \; . \; . \; . \; . \; . \; . \; . \; . \quad (10)$$

Der für die Verlustkosten von Kabeln maßgebende Reservefaktor ist entsprechend durch folgende Formel definiert:

$$r_{l_2} = \frac{\Sigma\,(L_{s\,zul} \cdot l_{min})}{\Sigma\,(L_{S_s} \cdot l_{tats})} \quad . \; . \; . \; . \; . \; . \; . \; . \; . \quad (10a)$$

Wenn die Leitungen immer auf dem nach den Straßenzügen kürzest möglichen Wege zu den Einzelverbrauchern bzw. Unterstationen verlegt werden, ist $r_{l_1} = r_{l_2} = r_{l_m}$.

Die Reservefaktoren für das Niederspannungskabelnetz werden zweckmäßig für das Gebiet einer Unterstation ermittelt. Man geht z. B. bei einem quadratischen oder rechteckigen Netz von einem Schema ähnlich dem von Abb. 5 (S. 29) aus.

Bei Ringverteilungen, wie sie in Hochspannungskabelnetzen üblich sind, können sich hohe mittlere Reservefaktoren ergeben, besonders dann, wenn die auf einen Abnehmer entfallende Leistung im Verhältnis zu der durch das Verteilerkabel maximal zu befördernden Leistung klein ist. Letztere ist vielfach durch die im Hochspannungskabelnetz mit Rücksicht auf die Erwärmung im Kurzschluß zu wählenden Mindestquerschnitte verhältnismäßig groß. Um den Mindestquerschnitt dann einigermaßen auszunützen, müssen viele Einzelabnehmer an dasselbe Kabel gehängt werden. Von Teilstrecke zu Teilstrecke fällt die normale Belastung, d. h. man erhält hohe Reservefaktoren (s. Weiteres Kapitel VII A).

Diese Reservefaktoren dürfen nicht mit den Betriebsreservefaktoren verwechselt werden. Für die letzteren sind meist ausschließlich die Belastungen der an die Unterstationen bzw. die Zentrale anschließenden Teilstrecken maßgebend. Wenn daher ein mittlerer Kabelreservefaktor von 3 errechnet wird, so heißt das nicht, daß das Netz als solches mit der dreifachen Leistung belastet werden könnte. Die Zahl 3 kann ja auch dadurch zustande gekommen sein, daß einzelne Teilstrecken einen sehr hohen, andere einen kleinen Reservefaktor haben, ohne daß es möglich wäre, die Teilstrecken mit hohem Reservefaktor auch betrieblich voll auszunützen. Es ist für jede Verteilung notwendig, den für die besonderen Verhältnisse günstigsten Kabelquerschnitt zu ermitteln, um den Reservefaktor so klein als möglich zu halten.

Ähnlich wie bei Ringleitungen ist es auch bei vermaschten Netzen im allgemeinen notwendig oder zweckmäßig, für das ganze Netz einen einheitlichen Kabelquerschnitt zu wählen, der natürlich so groß sein muß, daß sich auch auf den höchstbelasteten Teilstrecken anschließend an die Unterstationen (Abb. 5, Strecke 1) keine Leitungsüberlastungen ergeben. Damit werden die von den Unterstationen entfernteren Teilstrecken oder solche, die nur Verbraucher in ihrer Richtung zu speisen haben (Teilstrecken 4, 5, 6 in Abb. 5) je nach der vorher abgezweigten Verbraucherzahl immer größere Reservefaktoren erhalten. Dazu kommen bei vermaschten Netzen Leitungsstrecken, welche nicht zur Speisung von Verbrauchern, sondern nur zur Schließung von Maschen notwendig werden.

Für die Berechnung des Reservefaktors r_{l_1} können diese Teilstrecken ebenso behandelt werden wie die zur Stromversorgung direkt notwendigen, indem für jede Teilstrecke die zulässige Strombelastung und die Länge festgestellt wird. Für die Berechnung des Verlustkabelreservefaktors r_{l_2} ist die Stromverteilung im vermaschten Netz bei Spitzenleistung nach den bekannten Methoden[1]) zu überprüfen, um damit den Ausdruck $[\Sigma (L_{S_n} \cdot l_{tats})]$ errechnen zu können. Es genügt im allgemeinen, dies für den Bereich einer Unterstation durchzuführen. Meist wird eine Schätzung genügen, da gerade in vermaschten Netzen die Stromwärmeverluste eine untergeordnete Rolle spielen. Der Reservefaktor r_{l_1} für ein vermaschtes Niederspannungsnetz für 380 V und $J_F = 1000$ wird $r_{l_{n_1}}$ etwa $= 5$ bis 6, für $J_F = 4000$ $r_{l_{n_1}}$ etwa $= 4$, für $J_F = 20000$ $r_{l_{n_1}}$ etwa $= 2{,}5$ und bei $J_F = 80000$ $r_{l_{n_1}}$ etwa 1,5 bis 2. Es ist zweckmäßig, mit diesen Werten die wirtschaftliche Unterstationszahl zu errechnen, das Verteilungsbild für eine Unterstation zu entwerfen, und damit die Reservefaktoren nachzuprüfen.

Bei nicht vermaschten Niederspannungsnetzen mit Transformatoranschluß über Hochspannungssicherungen ist es möglich, bei obigen Flächendichten die Reservefaktoren r_{l_1} zwischen 3 und 1,5 zu halten, bei Ölschalteranschluß zwischen 3,5 und 1,5.

Diese Unterschiede in den Reservefaktoren im Niederspannungskabelnetz bewirken, daß dessen Vermaschung und Vielfachspeisung bei kleinen Flächendichten unverhältnismäßig teuer wird (s. Kapitel VII B).

Die Reservefaktoren r_{l_1} für das Hochspannungskabelnetz von Zweispannungsnetzen zeigen je nach Flächendichte und Verteilungsform weit größere Unterschiede. Sie schwanken zwischen 20 bis 25 bei kleinen und 1,5 bis 2,5 bei großen Flächendichten (Näheres Kapitel VII A).

D. Kabelkosten je kVA maximaler Übertragungsleistung auf 1 km bei verschiedenen Spannungen.

Um die Kabelkosten bei verschiedenen Spannungen miteinander vergleichbar zu machen, sollen sie auf 1 kVA maximale Übertragungsleistung und eine Einheitslänge bezogen werden. Hierzu sind festzu-

---

[1]) Herzog und Feldmann, »Die Berechnung elektrischer Leitungsnetze«. Verlag Springer, Berlin 1927.

stellen, die Kabelkosten selbst, die von Querschnitt und Spannung sowie der Anzahl der beieinanderliegenden Kabel abhängige zulässige Stromdichte und die Verlegungskosten, die sich mit der Anzahl der gleichzeitig verlegten Kabel verändern. Um unkontrollierbare Faktoren auszuscheiden, soll angenommen werden, daß bei Neuverlegungen immer ein solcher Abstand von bereits früher verlegten Kabeln eingehalten werden kann, daß diese auf die Belastbarkeit der neuzulegenden Kabel keinen Einfluß mehr ausüben. Nach den Versuchen der Compagnie Parisienne de distribution d'Electricité[1]) ist zu schließen, daß hierzu eine unbelegte Erdzwischenschicht von etwa 1,5 bis 2 m notwendig ist. Bei kleinen Kabelquerschnitten wirken sich die vom Querschnitt unabhängigen Kabelkosten und die Verlegungskosten, bezogen auf die Querschnittseinheit, besonders stark aus; andererseits sind die zulässigen Stromdichten hoch. Bei großen Querschnitten ist es umgekehrt. Bei der gleichzeitigen Verlegung mehrerer Kabel sind zwar die Verlegungskosten niedriger, dafür werden die zulässigen Strombelastungen ebenfalls geringer. Diese sich teilweise ausgleichenden Einflüsse bewirken, daß **in einem weiten Querschnittsbereich** bei gegebenen Verlegungsverhältnissen und **für eine bestimmte Spannung annähernd konstante Kabelkosten je kVA maximaler Übertragungsleistung auf 1 km** entstehen. Je nach den zu übertragenden Leistungen kann der Querschnittsbereich ausgewählt werden. Für Verteilerleitungen in städtischen und industriellen Netzen kommen im allgemeinen nur Kabelquerschnitte zwischen 50 und 185 mm² in Frage. Für diesen gesamten Bereich liegen die Abweichungen gegenüber den Mittelwerten im allgemeinen innerhalb von 10%, im Durchschnitt zwischen 0 und 5%, und zwar bei allen Spannungen. Für den Querschnitt 25 mm² ergibt sich gegenüber diesem Mittelwert eine Erhöhung von weniger als 20%, im Mittel von 10%. Wenn also vereinzelt auch außerhalb dieses Querschnittsbereichs liegende Kabelquerschnitte genommen werden, so ergibt das im ganzen keine großen Abweichungen. Wenn hauptsächlich der Querschnitt 25 mm² für die Verteilung gewählt werden muß, ist eine Erhöhung der Kabelkosten um

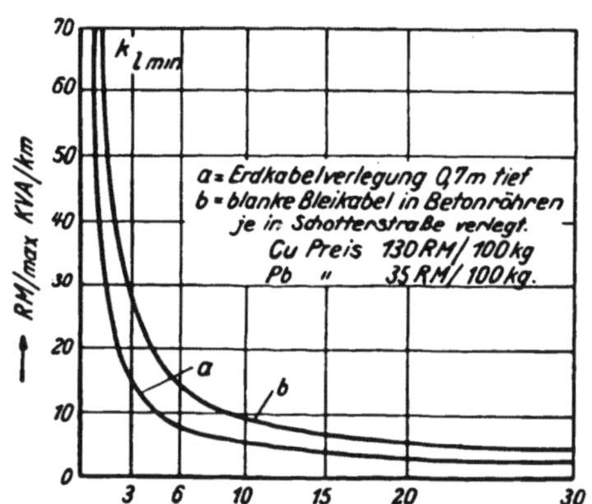

Abb. 4. Anlagekosten verlegter Kabel je kVA maximal zulässiger Übertragungsleistung auf 1 km ($k_{l_{min}}$) in Abhängigkeit der Spannung UkV.

[1]) Referat hierüber: Eggeling, »Erwärmungsmessungen an 12-kV-Kabeln«. Elektrizitäts-Wirtschaft 1928, S. 99.

etwa 10% vorzunehmen. Der Ausgleich auf einen konstanten Wert ist natürlich nicht bei allen Verlegungsarten gleich, jedoch können bei geschickter Wahl der Mittelwerte bei allen Verlegungsarten die obigen Fehlergrenzen eingehalten werden.

Die Abhängigkeit obiger Mittelwerte für die Kabelkosten je kVA maximaler Übertragungsleistung auf 1 km von der Spannung U kV kann durch folgende Beziehung ausgedrückt werden:

$$k_{l\,min} = \left(\frac{\alpha}{U} + \beta\right) \cdot \text{RM./kVA/km} \quad \ldots \ldots \quad (11)$$

Hierin sind α und β Konstanten, abhängig von Verlegungsart, Straßendecke, Kupfer- und Bleipreisen (Abb. 4).

Für die Anlagekosten einer Übertragung von L_{S_n} kVA Scheinleistung auf 1 km bei dem Reservefaktor r_{l_1} ergibt sich also folgender mathematischer Ausdruck:

$$K_l = \left(\frac{\alpha}{U} + \beta\right) \cdot r_{l_1} \cdot L_{S_s} \text{ RM./km} \quad \ldots \ldots \quad (12)$$

Bei Kupfer- und Bleipreisen von RM. 130,— bzw. RM. 35,— je 100 kg und den Verlegungskosten nach Anlage III nehmen die Konstanten α und β folgende Zahlenwerte an:

Aufstellung 3.

Verlegungsart	Straßendecke	α	β
Erdkabel von Hand 0,7 m tief	I: nicht tragfähig II: Schotter oder Pflaster III: Asphalt	35 37,5 41	1,5 1,6 1,65
Erdkabel von Hand 1 m tief mit Lehmpackung	I: nicht tragfähig II: Schotter oder Pflaster III: Asphalt	41,5 44 48,5	1,6 1,6 1,7
Blanke Bleikabel in Betonröhrenblöcken Deckung 0,60 m	I: nicht tragfähig II: Schotter oder Pflaster III: Asphalt	70 72 74	1,8 2,0 2,2

Mit Änderung des Bleipreises um 10% ändern sich die Faktoren α und β um etwa 1%, bei Änderung des Kupferpreises um 10% ändert sich der Faktor α etwa um 3,5%, der Faktor β etwa um 2,5%.

E. Kabelverluste in Abhängigkeit von übertragener Leistung und Spannung.

Die Verluste in verseilten Dreileiterkabeln teilen sich in die veränderlichen, vom durchfließenden Strom abhängigen Verluste, und die festen, von der Spannung abhängigen Verluste. Die letzteren bestehen wieder aus Ableitungs- und Kapazitätsverlusten.

Die veränderlichen Kabelverluste durch Stromwärme je km und Jahr betragen mit den in dem Abschnitt C dieses Kapitels eingeführten Bezeichnungen:

$$F_{V_J} = 1{,}73 \cdot r_s \cdot \frac{j_{zul}}{r_{l_2}} \cdot h_{V_s} \cdot \frac{L_{S_s}}{U} \text{ kWh/Jahr/km}, \quad \ldots \quad (13)$$

und damit die dadurch bedingten jährlichen Verlustkosten:

$$K_{l\,V_J} = 1{,}73 \cdot r_s \cdot \frac{j_{zul}}{r_{l_2}} \cdot h_{V_s} \cdot g \cdot \frac{L_{S_s}}{U} \text{ RM./Jahr/km} \quad \ldots \quad (14)$$

Bei der Bemessung des spezifischen Widerstandes ist die erhöhte Kabeltemperatur und der Drallfaktor, der nach Burger „Drehstromkraftübertragung« etwa 2% beträgt, zu berücksichtigen. Dagegen sollen etwaige Übergangsverluste vernachlässigt werden.

Die Kapazitätsverluste sind gegenüber den Stromwärme- und Ableitungsverlusten bei allen Spannungen unter 30 kV so klein, daß sie vernachlässigt werden können.

Die Ableitungsverluste in Papierkabeln mit Tränkmasse setzen sich nach Klein[1]) aus 2 Arten von Verlusten zusammen, von denen je nach der Temperatur die eine oder andere Art überwiegt: Den Hysteresisverlusten im festen bzw. dickflüssigen Zustand und den Leitungsverlusten im flüssigen Zustand der Tränkmasse. Der Hysteresisverlust nimmt quadratisch mit wachsender Temperatur ab, der Leitungsverlust wächst etwas stärker als dem Quadrat der Temperaturzunahme entspricht. Das Minimum der dielektrischen Verluste liegt bei 40 bis 45° C, was nach Apt[2]) zu der Festlegung der zulässigen Kabelübertemperatur von 25° C in den V.S.K. 1928 geführt hat. Eine Berechnung der einzelnen Anteile der Gesamtverluste ist wegen des Einflusses der stark schwankenden Dielektrizitätskonstanten sehr unsicher, so daß es sich empfiehlt, die Gesamtverluste experimentell zu bestimmen[3]). Solche experimentell bei Betriebsspannung und 10° C ermittelte Daten liegen z. B. in den Kurvenblättern über dielektrische Verluste von Dreileiterkabeln mit Gürtelisolation in dem Heft »Starkstromkabel«[4]) der Siemens-Schuckert-Werke vor. Sie stellen Höchstwerte dar und sind in den letzten Jahren wesentlich verbessert worden. Sie können mit hinreichender Genauigkeit als Gerade angesehen werden, so daß sich folgende Näherungsgleichung für die jährlichen Kosten durch dielektrische Verluste je km Kabel ergibt:

$$K_{l\,V_f} = 0{,}003 \cdot t \cdot g \left(\frac{U^2 + 32}{6{,}4} + (0{,}02 \cdot U - 0{,}1) \cdot q \right) \text{ RM./km} \quad (15)$$

---

[1]) Klein, »Kabeltechnik«. Verlag Springer, Berlin 1930.

[2]) R. Apt, »Isolierte Leitungen und Kabel«. Erläuterungen zu den VDE-Vorschriften 1930.

[3]) Grünholz, Theorie der Wechselstromübertragung. Verlag Springer, 1928.

[4]) SSW, »Starkstromkabel«, Best.-Nr. 3442/1.

Hierin bedeuten:

q = den Leiterquerschnitt je Phase in mm²,

t = die Jahresstundenzahl, während der das Kabel unter Spannung gehalten wird (meist $t = 8760$).

Die festen Kabelverluste sind nicht durch den Gesamtquerschnitt allein bestimmt, vielmehr muß die Zahl der parallel geschalteten Kabel bekannt sein. Das erschwert die Anwendung auf Netze sehr, so daß die wirtschaftlichen Größen zweckmäßig ohne Berücksichtigung der festen Kabelverluste errechnet und ihr Einfluß nach Festlegung des Netzes bestimmt wird.

Bei Spannungen unter 10 kV sind die dielektrischen Verluste auch bei sehr kleinen Scheinarbeitsverluststundenzahlen h_{V_s} gegenüber den Stromwärmeverlusten vernachlässigbar. Bei 15 kV und $h_{V_s} = 1000$ betragen die festen Kabelverluste etwa 8%, bei 20 kV und der gleichen Verluststundenzahl etwa 15%, bei 30 kV etwa 30% der Stromwärmeverluste. Bei höheren Scheinarbeitsverluststundenzahlen ist der Einfluß der festen Kabelverluste entsprechend geringer. Bei 30 kV und $h_{V_s} = 4500$ ergeben die Ableitungsverluste eine Steigerung der Stromwärmeverluste um etwa 6%.

Die Berücksichtigung der dielektrischen Kabelverluste führt in Richtung einer Verringerung der Betriebsspannung. Für die Wahl einer eher erhöhten als zu niedrig bemessenen Betriebsspannung spricht vielfach die Rücksicht auf eine zu erwartende Ausbreitung des Netzes oder eine Erhöhung der Flächendichte der Energie, oft auch die Rücksicht auf den Anschluß an vorhandene Netze. Bei großen Belastungsfaktoren von 0,6 bis 0,8 wird der Einfluß der festen Kabelverluste auf die Wirtschaftlichkeit von Verteilungsnetzen auch bei Spannungen bis 30 kV gering sein. Bei kleineren Belastungsfaktoren von 0,2 bis 0,4, wie sie in städtischen Verteilungen häufig sind, kann es zweckmäßig sein, den Einfluß der festen Kabelverluste auf die wirtschaftliche Verteilerspannung nach Auslegung des Netzes nachzuprüfen.

F. Jährliche Betriebskosten für Kabel.

Als wertvolles Ergebnis der in den vorhergehenden Abschnitten D und E angestellten Untersuchungen kann festgestellt werden, daß sich sowohl die Anlagekosten als die den wesentlichen Teil der Kabelverluste bildenden Stromwärmeverluste durch lineare und gleichartige Beziehungen zwischen Leistung, Spannung und Entfernung darstellen lassen. Die Berücksichtigung der Kabelverluste verändert also nicht den prinzipiellen Aufbau der Formeln, sondern nur die Konstanten.

Die Unterhaltungskosten von Kabeln für die meist kurzen über Erde liegenden Strecken fallen praktisch nicht ins Gewicht, so daß sich die jährlichen Betriebskosten von Kabeln für eine Übertragung von L_{S_s} kVA Spitzenscheinleistung auf 1 km unter Verwertung der Gl. (12), (14) und (15) durch folgende Beziehung darstellen lassen:

$$k_{lJ} = \left(p_l \cdot r_{l_1} \cdot L_{S_s}\left(\frac{\alpha}{U} + \beta\right)\right.$$

$$\left. + 1{,}73 \cdot r_s \cdot \frac{j_{zul}}{r_{l_2}} \cdot g \cdot h_{V_s} \cdot \frac{L_{S_s}}{U} + k_{lV_f}\right) \text{RM.} \quad \ldots . \quad (16)$$

oder abgekürzt:

$$K_{lJ} = \left(\frac{k_{l_1}}{U} + k_{l_2}\right) \cdot L_{S_s} + k_{lV_f} \text{RM.,} \quad \ldots \ldots \quad (16a)$$

worin

$$k_{l_1} = \left(p_l \cdot r_{l_1} \cdot \alpha + 1{,}73 \cdot r_s \cdot \frac{j_{zul}}{r_{l_2}} \cdot h_{V_s} \cdot g\right)$$

$$k_{l_2} = (p_l \cdot r_{l_1} \cdot \beta).$$

Damit sind die für eine Wirtschaftlichkeitsrechnung notwendigen Grundgleichungen für die Anlage- und jährlichen Betriebskosten abgeleitet. Sie gehen aus von den Kosten je übertragenes Spitzen-kVA und km, so daß es bei der Berechnung eines Kabelnetzes im wesentlichen auf die Bestimmung dieses Produktes von übertragener Spitzenleistung und Leitungslänge sowie der Reservefaktoren ankommt.

IV. Lineare Kraftübertragungen durch Drehstromkabel.

Die wirtschaftliche lineare Kraftübertragung ist durch die Einhaltung der wirtschaftlichen Übertragungsspannung und den wirtschaftlichen Leitungsquerschnitt bedingt. Wenn die zu übertragende Scheinleistung in kVA, die Verluststundenzahl h_{V_s} und die Spannung gegeben sind, läßt sich mit Hilfe der Gl. (9) ohne weiteres die wirtschaftliche Stromdichte j_w und damit auch der günstigste Leitungsquerschnitt berechnen.

Für eine wirtschaftliche Übertragungsspannung müssen die gesamten jährlichen Betriebskosten der Kraftübertragung ein Minimum sein. Die durch die Verlustleistung vergrößerte Kraftwerksleistung soll in Verbinbindung mit der Verluststundenzahl h_{V_s} durch den Strompreis g je kWh (s. S. 15) berücksichtigt werden. Bei der Feststellung der jährlichen Betriebskosten der Kraftübertragung wird man zwischen Leitungen zu unterscheiden haben, bei denen besondere, praktisch ins Gewicht fallende Ausgaben für die Spannungsregelung und Kompensierung der Blindleistung nicht aufzuwenden sind, und solchen, bei denen die eben erwähnten Einrichtungen nicht zu umgehen sind.

Bei der erstgenannten Art von Leitungen wird es sich vor allem um kürzere Übertragungen zum Zwecke der Verteilung elektrischer Energie handeln. Die letztgenannte Leitungsart umfaßt vor allem Fernübertragungen und Kupplungsleitungen zwischen Kraftwerken, für welche hauptsächlich Freileitungen in Frage kommen. Im Zusammenhang mit Drehstromkabeln sollen daher nur die nicht kompensierten linearen Kraftübertragungen behandelt werden.

Für eine Übertragung von L_{S_8} kVA Scheinleistung bei einer jährlichen Verluststundenzahl h_{V_8} (s. Kapitel VIII B) auf eine Entfernung von y km seien auf beiden Seiten Transformatorstationen mit je Θ Betriebstransformatoren vorgesehen, deren Größe sich durch die Leitungsverluste und die induktiven Widerstände, zusammengefaßt in dem Verschiedenheitsfaktor v_{Tr}, bei gleichen Reservefaktoren, bezogen auf die Scheinleistungen, unterscheiden sollen.

Damit sind die aufzuwendenden Anlagekosten in Verwertung der Gl. (2) und (12):

$$k_l \cdot L_{S_8} \cdot y + 2 \cdot \Theta\, k_{x_1} (U^2 + \delta_1) + (1 + v_{Tr}) \cdot k_{x_2} \cdot L_{S_8} + 2\, K_{x_f} \text{ RM.} \quad (17)$$

Die jährlichen Betriebskosten der Kraftübertragung errechnen sich mit Hilfe der Gl. (6a) und (16a):

$$\begin{aligned} K_J = & \left(\frac{k_{l_1}}{U} + k_{l_2}\right) \cdot L_{S_8} \cdot y + K_{l V_f} \\ & + 2 \left[\Theta \cdot k_{Tr_1} (U^2 + \delta_1) + K_{x_{f_J}} + \Theta \cdot k_{Tr V_1}\right] \\ & + (1 + v_{Tr}) \cdot L_{S_8} (k_{Tr_2} + k_{Tr V_2} \cdot U + k_{Tr V_3}) \text{ RM./Jahr} \quad (18) \end{aligned}$$

Für die wirtschaftliche Übertragungsspannung ergibt sich durch Differentiation der Gl. (18) nach U unter Vernachlässigung der dielektrischen Kabelverluste die folgende Bedingungsgleichung:

$$4 \cdot \Theta \cdot k_{Tr_1} \cdot U^3 + (1 + v_{Tr})\, k_{Tr V_2} \cdot L_{S_8} \cdot U^2 - y \cdot k_{l_1} \cdot L_{S_8} = 0 \quad (19)$$

Es ist zweckmäßig, die Gl. (19) nicht nach U aufzulösen, sondern bestimmte Normalwerte für die Spannung einzusetzen, und damit umgekehrt die wirtschaftliche Übertragungslänge für eine gegebene Spannung zu bestimmen als:

$$Y_w = \frac{U^2}{k_{l_1}} \left(\frac{4 \cdot \Theta \cdot k_{Tr_1} \cdot U}{L_{S_8}} + (1 + v_{Tr}) \cdot k_{Tr V_2}\right) \text{ km} \quad (20)$$

Bei Berücksichtigung der festen Kabelverluste ergibt sich für Y_w die folgende Beziehung:

$$Y_w = \frac{U^2 (4 \cdot \Theta \cdot k_{Tr_1} \cdot U + (1 + v_{Tr})\, k_{Tr V_2} \cdot L_{S_8})}{(L_{S_8} (k_{l_1} - k_{l V_{f_2}}) - 2\, z_k \cdot k_{l V_{f_1}} \cdot U^3)} \quad (20\,\text{a})$$

Hierin bedeuten:

z_k = Zahl der parallel geschalteten Kabel,

$$k_{lV_{f_1}} = \frac{0{,}003 \cdot g \cdot l}{6{,}4},$$

$$k_{lV_{f_2}} = \frac{r_{l_1}}{17{,}3 \cdot j_{zul}}.$$

Durch die festen Kabelverluste wird also die wirtschaftliche Übertragungslänge einer gegebenen Spannung erhöht.

V. Ableitung mathematischer Grundgleichungen für eine wirtschaftliche flächenhafte Drehstromkabelverteilung.

A. Allgemeine Darlegung des Rechnungsganges.

Die Aufgabe, ein flächenhaft ausgebreitetes Gebiet mit elektrischer Energie zu versorgen, tritt in der Praxis häufiger auf, als eine bestimmte elektrische Energie zwischen zwei Punkten zu übertragen. Eine flächenhafte Energieverteilung in Drehstromkabelnetzen kommt vor allem für Stadtgebiete und Industrieanlagen in Frage. Gegenüber der linearen Kraftübertragung stellt sich die Aufgabe, solche flächenhaften Energieverteilungen möglichst wirtschaftlich auszulegen, — d. h. mit dem kleinsten Aufwand an jährlichen Betriebskosten einschließlich der Verzinsung und Amortisation des Anlagekapitals — als wesentlich schwieriger heraus. Es genügt nicht, für jedes beliebige Teilstück des Netzes den richtigen Leitungsquerschnitt und etwa nur eine günstigste Verteilerspannung zu berechnen. Meist bestimmt ja die Rücksicht auf die Energieverbraucher, z. B. die Glühlampen, die Höhe der Verteilungsniederspannung. Wollte man mit dieser Niederspannung ein größeres Gebiet mit Energie verversorgen (reine Niederspannungsverteilung), so würden sich meist sowohl beim Spannungsabfall wie auch in wirtschaftlicher Hinsicht untragbare Verhältnisse einstellen. Um dem abzuhelfen, ist uns bei Drehstromnetzen die Möglichkeit des Einbaues von Transformatorstationen in die Hand gegeben, die mittels Hochspannungskabeln gespeist werden und von denen aus in der eigentlichen Verbraucherniederspannung verteilt wird.

Mit den Transformatorstationen kommen zu den eigentlichen Netzkosten zwar neue Kosten hinzu, denen jedoch durch die nach den Ergebnissen des Abschnittes D von Kapitel III wesentlich kleineren Energieübertragungskosten je kVA bei höheren Spannungen entsprechende Ersparnismöglichkeiten im Hochspannungsnetz gegenüberstehen. Je höher die Verteilerhochspannung, desto kleiner die Kosten des Hochspannungskabelnetzes, desto größer aber auch die Kosten der Transformatorstationen. Es gilt also nebst der günstigsten Zahl von Transformatorstationen die wirtschaftlichste Verteilerhochspannung zu finden.

Bisher war angenommen worden, daß von der Verteilerhochspannung direkt auf die Verbraucherniederspannung transformiert wird. Eine solche Netzform wird im folgenden »Zweispannungsnetz« genannt. Man kann sich jedoch vorstellen, daß zwei oder mehrere solcher Hochspannungsnetze einander überlagert werden, derart, daß die Netzleistung zunächst mit einer hohen Spannung einzelnen Hochspannungsstationen zugeführt, in diesen auf eine Mittelspannung, etwa von 3 oder 6 kV, transformiert, daß damit eine größere Zahl von Mittelspannungsstationen gespeist wird, in denen endgültig die Transformierung auf die Verbraucherniederspannung erfolgt. Solche Netzformen werden im folgenden »Drei- und Mehrspannungsnetze« genannt. Da durch die vervielfachte Transformierung erhebliche Mehrkosten entstehen, kommen praktisch in Kabelnetzen mehr als 2 überlagerte Hochspannungen nicht in Betracht. Die Form des Dreispannungsnetzes tritt dann in den Vordergrund, wenn die Eigenart besonderer Energieverbraucher, z. B. von Hochspannungsmotoren, bei einem Zweispannungsnetz die Verteilerhochspannung auf den Wert einer bestimmten Mittelspannung begrenzen würde. Auch bei ausgedehnten Versorgungsgebieten mit kleiner Energieflächendichte müssen dem Dreispannungsnetz vor dem Zweispannungsnetz besondere Vorteile zugesprochen werden. Es gilt also Bedingungsgleichungen für ihre jeweilige Anwendung aufzustellen, unter der Voraussetzung, daß beiderseits die denkbar günstigste Ausführung des Netzes gewählt wird.

Zweifellos wird auch die Frage einen wesentlichen Einfluß auf die Kosten von Netzen ausüben, ob sie als unvermaschte oder vermaschte Netze ausgelegt werden. Die Vermaschung der Netze vermag einen besseren Ausgleich der Leiterbelastungen bei wechselnder Energieaufnahme einzelner Verbraucher zu schaffen, so daß sich immer ein Minimum an Stromwärmeverlusten einstellen wird. In der Ersparnis von Leitermaterial wird sich jedoch die Vermaschung des Netzes im allgemeinen nicht auswirken, da immer mit dem Ausfall eines Leitungsstückes oder der Notwendigkeit einer Auftrennung des Netzes bei Ausbesserungsarbeiten gerechnet werden muß. In Netzen mit kleiner Energieflächendichte und damit weit auseinanderliegenden Unterstationen kann die Rücksicht auf die Möglichkeit der Mehrfachspeisung des Netzes sogar zu erhöhten Aufwendungen an Leitungsmaterial führen. Die Vermaschung des Niederspannungsnetzes gestattet jedoch bei höchster Sicherheit des Strombezuges, jede Station nur mit einem Betriebstransformator zu besetzen, weil dessen Versorgungsgebiet im Störungsfall von den benachbarten Transformatorstationen mitgespeist wird. In unvermaschten Netzen ist zum Zwecke der Aufrechterhaltung einer ununterbrochenen Stromlieferung die Aufstellung von 2 Transformatoren je Unterstation oder die Einschaltung von Ausgleichsspeiseleitungen zwischen den Stationen erforderlich. In der Wirtschaftlichkeitsrechnung können die Unterschiede in der Bauform und im Materialaufwand von vermaschten und unvermaschten Netzen durch die Leitungsreservefaktoren, die Verschiedenheitsfaktoren, die Transformatorzahl je Station und die Konstanten δ_1 bis δ_3 (Kapitel II A) ihre Berücksichtigung finden.

Eine wesentliche Bedeutung für den Betrieb von Niederspannungsnetzen hat weiter die Frage des maximalen Spannungsabfalls im Niederspannungsnetz zwischen Unterstation und entferntest liegenden Verbraucher. Bekanntlich läßt die starke Abhängigkeit der Lichtausbeute und der Lebensdauer von Glühlampen keine größeren Abweichungen von der Normalspannung als etwa 2 bis 3% zu, so daß der maximale Spannungsabfall im Niederspannungsnetz 5% nicht wesentlich übersteigen sollte. Man hat nun bisher dieser Bedingung dadurch gerecht zu werden versucht, daß man von vornherein den prozentualen maximalen Spannungsabfall von meist 5% auch in die Wirtschaftlichkeitsrechnung eingeführt hat. Dabei wurde stillschweigend oder ausgesprochenermaßen[1]) angenommen, daß sich bei einer Wirtschaftlichkeitsrechnung, die sich rein auf das Zusammenwirken der Jahreskosten von Transformatorstationen und Niederspannungskabeln für eine als zulässig oder zweckmäßig erscheinende Belastung stützt, wesentlich höhere als die zulässigen maximalen Spannungsabfälle ergeben würden. Dies ist jedoch durchaus nicht nachgewiesen, mindestens nicht für alle Energieflächendichten und Verteilungsspannungen. Letzten Endes sind die Jahreskosten einer Unterstation auch durchaus nicht für eine bestimmte Leistung und Spannung als unabänderlich anzusehen. Vielmehr können ihre Ausführung und ihre Kosten, besonders hinsichtlich des Kurzschluß- und Überlastungsschutzes des Transformators den gegebenen Notwendigkeiten angepaßt werden.

In den folgenden Berechnungen wird daher einfach von den Jahreskosten für Leitungsmaterial und Transformatorstationen für eine bestimmte Leistung und Spannung bei zulässiger oder als wirtschaftlich oder zweckmäßig erscheinender Belastung ausgegangen. Es ergibt sich dabei selbsttätig ein maximaler Spannungsabfall, dessen Größenordnung in Abhängigkeit der Netzverhältnisse untersucht wird. Tatsächlich würde er nur bei kleinen Energieflächendichten und hohen Verteilerspannungen überschritten, wenn nicht besondere sich aus der Berechnung ergebende Maßnahmen zu dessen Begrenzung vorgesehen werden.

Durch die vorstehenden Ausführungen wurde versucht, die für die Auslegung des Netzes wesentlichen allgemeinen Gesichtspunkte zu klären. Auf diesen Überlegungen aufbauend, soll nun ein mathematischer Rechnungsgang zur Ermittlung der wirtschaftlichen Größen gefunden werden.

---

[1]) Schwaiger, »Hochspannungsleitungen«. Verlag Oldenbourg, 1931.

Mathematische Überlegungen setzen zunächst gesetzmäßig geordnete Netzverhältnisse voraus, und zwar ist es am zweckmäßigsten, zunächst von der Anordnung der Verbraucher auszugehen. Die einfachste gesetzmäßige Anordnung der Verbraucher dürfte eine solche sein, bei der die Verbraucher ähnlich wie auf den Eckpunkten der Felder eines Schachbretts verteilt sind. In praktische Verhältnisse übertragen, müßten also die unter sich gleichen Verbraucher an parallelen in gleichen Abständen verlaufenden Straßen liegen, in der Art, daß ihr gegenseitiger Abstand mit dem Abstand der Straßen übereinstimmt (Abb. 5, oberer Teil).

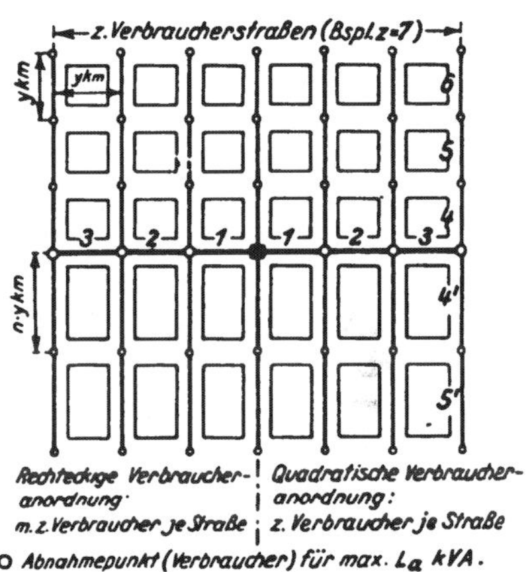

Abb. 5. Schema einer reinen Niederspannungsverteilung, je hälftig für quadratische und rechteckige Verbraucheranordnung. (Bei Zweispannungsverteilung Schema des Gebiets einer Unterstation.)

Man kann sich dabei die Verbraucher in Straßenmitte projiziert denken, da die Hausanschlußleitungen nach Länge und Jahreskosten unabhängig sind von der Unterstationszahl. Dabei braucht man sich unter dem Begriff »Verbraucher« nicht etwa die einzelnen Abnehmer eines Hauses oder die Häuser selbst vorzustellen. Die von einzelnen Häusern abgenommenen Leistungen werden manchmal so klein, daß es sich nicht lohnt, sie von den Verteilungsleitungen selbst direkt mit den teueren Muffen abzuzweigen. Vielmehr wird man in solchen Fällen einzelne Hauptanschlußpunkte schaffen, von denen aus die einzelnen Häuser mittels zwischen den Häusern etwa in den Kellern verlaufenden Hausanschlußleitungen gespeist werden. Hierbei nehmen also die Hauptanschlußpunkte die Rolle der »Verbraucher« ein, unter welchen also in den folgenden Rechnungen die in Straßenmitte verlegten Abzweigpunkte von den Verteilungsleitungen zu Abnehmern oder Abnehmergruppen verstanden werden sollen. Die Verteilungsleitungen selbst werden also mit Ausnahme der von der Zentrale bzw. den Unterstationen ausgehenden Leitungsstrecken quer zu den Verbraucherstraßen, in der Mitte der Verbraucherstraßen verlaufend angenommen.

Zur Erleichterung der Herleitung mathematischer Formeln sei zunächst weiter angenommen, daß die Zentrale als Ausgangspunkt der Energieverteilung sich in Anlagenmitte befinde. Schließlich werde vorläufig angenommen, daß die Energie jedem Verbraucher auf dem kürzesten durch die Straßenzüge ermöglichten Wege zugeführt wird, also eine Vermaschung des Netzes nicht vorgenommen wird. Bei der reinen Niederspannungsverteilung läßt sich nun für jede Teilstrecke das auf sie entfallende Produkt von durchzubefördernder Leistung und Streckenlänge ermitteln (Abb. 5). Für das gesamte Netz ergeben sich arithmetische Reihen in Abhängigkeit von Verbraucherleistung, Zahl und Abstand der Verbraucherstraßen, deren Summe sich in einfacher Weise zusammenfassen läßt.

Bei einem quadratischen Zweispannungsnetz mit gleichmäßiger Verteilung der Verbraucher werden auch die auf die einzelnen Unterstationen entfallenden Versorgungsgebiete unter sich gleich und quadratisch sein. Bezeichnet man daher die Unterstationszahl für das gesamte Netz mit X, so wird sich diese Unterstationszahl sowohl in der Richtung der Verbraucherstraßen als auch quer dazu mit $\sqrt{X}$ aufteilen. Dadurch ist auch die Zahl der auf eine Unterstation entfallenden Verbraucherstraßen, ihre gegenseitige Entfernung und die in ihr umzusetzende Transformatorleistung gegeben. Man kann also dieselben Überlegungen wie bei der reinen Niederspannungsverteilung nunmehr auf die Teilgebiete der Unterstationen anstellen, während für das Hochspannungskabelnetz einfach an Stelle der Leistung und Entfernung der einzelnen Verbraucher die entsprechenden Werte für die Unterstationen einzusetzen sind.

Man kann nun Zahl und Entfernung der einzelnen Verbraucherstraßen durch die effektive Netzgröße N_e in km (Länge der Quadratseite des Gesamtnetzes) und die Einzelverbraucherleistung La durch die Energieflächendichte im Niederspannungskabelnetz J_F in kVA/km² ersetzen. Durch Differentiation der so ermittelten Anlage- und Betriebskosten eines quadratisch aufgebauten Netzes nach der Unterstationszahl und der Verteilerspannung lassen sich für deren wirtschaftlichste Werte Beziehungsgleichungen und Formeln aufstellen, welche wiederum rückwärts in die Ausgangsformeln eingesetzt über die Anlage- und Betriebskosten, Transformatorleistung und maximalen Spannungsabfall im Niederspannungsnetz bei wirtschaftlicher Ausführung des Netzes Aufschluß zu geben vermögen.

Nach diesen Berechnungen sind Erkenntnisse genug gesammelt, um auch für komplizierter liegende Netzverhältnisse die wirtschaftlichen Größen bestimmen zu können. Es werden neue Beziehungen für eine in den gegenseitigen Entfernungen von Straßen und Verbrauchern beliebige, rechteckige Netzform aufgestellt und die Unterschiede gegenüber der quadratischen Netzform geklärt. Es lassen sich die Einflüsse einer Verschiebung der Zentrale aus der Anlagenmitte und von ungleichen Energieflächendichten innerhalb des Verteilungsgebietes auf die wirtschaftlichen Größen ermitteln.

Schließlich wird noch kurz der Fall behandelt, daß die Energieverbraucher nicht nur in parallelen Straßen sondern rund um Gebäudeblocks angeordnet sind und auf die Verhältnisse in rechteckigen Netzen zurückgeführt.

Auch die Behandlung eines Netzes mit Hochspannungsverbrauchern, die an die Unterstationen angeschlossen sind, wird dargelegt.

Man kann zusammenfassend sagen, daß es mit den in den folgenden Kapiteln dargelegten Rechnungsverfahren gelingt, alle die wirtschaftliche Ausführung von Drehstromkabelnetzen betreffenden Fragen, z. B. die Abhängigkeit der Anlagekosten eines Netzes je kVA Verteilerleistung und der jährlichen Betriebskosten des Verteilungsnetzes je kWh, von Flächendichte und Ausdehnung des Netzes, einer Klärung zuzuführen und darüber hinaus auch Anregungen über die zweckmäßigste konstruktive Ausführung der Stationen zu geben.

B. Wirtschaftliche Gestaltung von quadratisch aufgebauten Drehstromkabelnetzen mit Zentrale in Anlagenmitte.

Für ein Netz zur Verteilung elektrischer Niederspannungsenergie, in dem sämtliche unter sich gleichen »Verbraucher« (s. S. 29) schachbrettartig an unter sich parallelen Straßen angeordnet sein sollen, lassen sich die in den folgenden Abschnitten entwickelten Rechnungsgrundlagen zu seiner wirtschaftlichsten Ausführung aufstellen. In Abb. 5 ist in dem oberen Teil die Hälfte eines solchen Versorgungsgebietes dargestellt.

a) Reine Niederspannungsverteilung.

Nach den Ergebnissen von Kapitel III können sowohl die Anlage- als auch die jährlichen Betriebskosten von Kabelübertragungen durch eine einfache Funktion von maximal übertragbarer Leistung, der Spannung und der Entfernung ausgedrückt werden. Es werden nach Abb. 5 (oberer Teil) folgende Bezeichnungen eingeführt:

z = die Zahl der parallelen Verbraucherstraßen, bei quadratischer Netzanordnung gleich der Zahl der Verbraucher (Hauptanschlußpunkte) je Straße,

y km = die gegenseitige Entfernung der Parallelstraßen und zugleich die gegenseitige Entfernung der Verbraucher (Anschlußpunkte),

L_a kVA = die maximale der Energieverteilung zugrunde zu legende Energieaufnahme am Anschlußpunkt.

Damit errechnet sich die auf die Strecke (*1*) der Abb. 5 (bei symmetrischer Anordnung) entfallende Übertragungsleistung zu $\left(\left(\frac{z-1}{2}\right) \cdot z \cdot L_a\right)$ kVA.

Auf die Strecke (*2*) entfallen $\left(\left(\frac{z-3}{2}\right) \cdot z \cdot L_a\right)$ kVA. Multipliziert mit der Entfernung y km und den Kabelkosten k_{l_n} je kVA und km für die betreffende Spannung, ergibt sich für die Kosten der Kabelstrecken (*1*, *2*, *3*) quer zu den Verbraucherstraßen die folgende Beziehung:

$$L_a \cdot y \cdot k_{l_n} \cdot z \, [(z - 1) + (z - 3) + (z - 5) + \ldots\ldots]$$
$$= \left(L_a \cdot y \cdot k_{l_n} \cdot z \cdot \frac{z^2 - 1}{4} \right) \text{ RM.}$$

Auf die Strecke (*4*) in Richtung der Verbraucherstraßen entfällt entsprechend die Durchgangsleistung $\left(\left(\frac{z-1}{2}\right) \cdot L_a\right)$ kVA.

Die Strecke (*4*) tritt aber $(2 \cdot z)$ mal auf. Ähnliche Erwägungen gelten für die Strecken (*5*, *6* usw.), so daß sich für die Kosten der in Richtung der Verbraucherstraßen liegenden Kabelstrecken anschreiben läßt:

$$L_a \cdot y \cdot k_{l_n} \cdot z \, [(z - 1) + (z - 3) + (z - 5) + \ldots\ldots]$$
$$= \left(L_a \cdot y \cdot k_{l_n} \cdot z \cdot \frac{z^2 - 1}{4} \right) \text{ RM.}$$

Die gesamten Anlagekosten der Niederspannungskabelverteilung ohne Abzweigschalter und Hausanschlußleitungen werden demnach:

$$L_a \cdot y \cdot k_{l_n} \cdot \frac{z}{2} (z^2 - 1) \text{ RM.} \quad \ldots\ldots\ldots (21)$$

Da die Stromwärmeverluste in einer Kabelstrecke nach Gl. (13) ebenfalls der Durchgangsleistung und Kabellänge direkt proportional sind, läßt sich für die Kosten der jährlichen Stromwärmeverluste im Netz ableiten:

$$L_a \cdot y \cdot k_{l_{V_J}} \cdot \frac{z}{2} (z^2 - 1) \text{ RM.} \quad \ldots\ldots\ldots (22)$$

Desgleichen für die gesamten jährlichen Betriebskosten der Niederspannungskabelverteilung ohne Abzweigschalter und Hausanschlußleitungen:

$$L_a \cdot y \cdot k_{l_{n_J}} \cdot \frac{z}{2} \cdot (z^2 - 1) + K_{l_{V_f}} \text{ RM./Jahr} \quad \ldots\ldots (23)$$

Für $(y \cdot z)$ kann nun die effektive Netzgröße N_e km als die Länge einer Quadratseite des Netzes und für

$$\frac{L_a \cdot z^2}{y^2 \, z^2} = \frac{L_a}{y^2}$$

die Energieflächendichte im Niederspannungskabelnetz J_F in kVA/km² als Summe der gleichzeitigen Spitzenleistungen der Einzelanschlußpunkte eingeführt werden, so daß obige Gleichungen folgende Form annehmen:

Gesamte Anlagekosten der Niederspannungskabelverteilung ohne Abzweigschalter und Hausanschlußleitungen:

$$\frac{k_{l_n}}{2} \cdot N_e (J_F \cdot N_e^2 - L_a) \text{ RM.} \qquad (21\,a)$$

Kosten der jährlichen Stromwärmeverluste in der Niederspannungskabelverteilung:

$$\frac{k_{l_{V_J}}}{2} \cdot N_e (J_F \cdot N_e^2 - L^a) \text{ RM.} \qquad (22\,a)$$

Gesamte jährliche Betriebskosten der Niederspannungskabelverteilung ohne Abzweigschalter und Hausanschlußleitungen:

$$\frac{k_{l_{n_J}}}{2} \cdot N_e (J_F \cdot N_e^2 - L_a) \text{ RM.} \qquad (23\,a)$$

Die Konstanten k_{l_n}, $k_{l_{V_J}}$ und $k_{l_{n_J}}$ haben die in Kapitel III D bis F eingeführte Bedeutung.

Der Klammerausdruck $(J_F N_e^2 - L_a)$ ist die gesamte Verteilerleistung. Man erhält also die Anlage-, Verlust- oder Betriebskosten, wenn man den jeweiligen spezifischen Kostenwert mit der gesamten Verteilerleistung und der halben Netzgröße multipliziert.

Sämtliche Kostenwerte steigen linear mit der Flächendichte und in der dritten Potenz mit der Ausdehnung des Netzes.

b) Zweispannungsnetz ohne Hochspannungsverbraucher.

Ein Versorgungsgebiet mit ähnlicher Anordnung der Verbraucher wie bei a) soll nun durch eine Zweispannungsverteilung mit Energie versorgt werden. Es soll zur Vereinfachung zunächst angenommen werden, daß Hochspannungsverbraucher im Netz nicht vorhanden sind. Später läßt sich auf einfache Weise die durch diese bedingte Änderung der Rechnungsergebnisse bestimmen.

Die Berechnung der wirtschaftlichen Größen muß ihren Ausgang nehmen von einer mathematischen Gleichung für die gesamten jährlichen Betriebskosten des Netzes. Deren Aufstellung erfolgt im Sinne des im Abschnitt A beschriebenen Rechnungsganges ganz ähnlich wie bei der reinen Niederspannungsverteilung. Im Interesse einer kurzen Darstellung werden die gesamten jährlichen Betriebskosten eines quadratischen Zweispannungsnetzes ohne Abzweigschalter und Hausanschlußleitungen ohne nähere Ableitung in der verkürzten Darstellung niedergeschrieben, wobei sich aus den einzelnen Konstanten ohne weiteres die Zugehörigkeit der Teilausdrücke zum

Niederspannungs- oder Hochspannungskabelnetz bzw. zu den Kosten der Unterstationen ergibt:

$$K_{J_2} = \frac{k_{l_{nJ}}}{2} \cdot \frac{N_e}{\sqrt{X}} \cdot (J_F \cdot N_e^2 - L_a \cdot X) + J_F \cdot N_e^3 \cdot \frac{k_{l_1} + U_h \cdot k_{l_2}}{2 \cdot v_{l_h} \cdot U_h} \cdot \frac{(X-1)}{X}$$
$$+ X[\Theta \cdot k_{Tr_1} (U_h^2 + \delta_1) + K_{x_{fJ}} + \Theta \cdot k_{Tr_{V_1}}]$$
$$+ \frac{J_F \cdot N_e^2}{v_{Tr}} \cdot (k_{Tr_2} + k_{Tr_{V_2}} \cdot U_h + k_{Tr_{V_3}}) + K_{l_{V_f}} \text{ RM./Jahr} \quad . \; . \; . \; (24)$$

In Gl. (24) bedeuten:

U_h = Verteilerhochspannung in kV,
X = Zahl der Transformatorstationen,
v_{Tr}, v_{l_h} = Verschiedenheitsfaktoren zwischen Summe der Spitzenleistungen im Niederspannungskabelnetz und Höchstbelastungen der Transformatoren bzw. Hochspannungskabel.

Die übrigen Konstanten haben die in den Abschnitten IIC für Transformatorstationen bzw. Abschnitt IIIF für Kabel eingeführte Bedeutung.

Für ein Minimum der Gl. (24) muß sein:

$$\frac{\partial K_{J_2}}{\partial X} = 0 \text{ und } \frac{\partial K_{J_2}}{\partial U_h} = 0.$$

Wenn gleichzeitig mit N_e^2 durchdividiert wird, ergibt die Differentiation nach X folgende Bedingungsgleichung für die wirtschaftliche Zahl von Unterstationen X_0 je km²:

$$4 (\sqrt{X_0})^4 [\Theta \cdot k_{Tr_1} (U_h^2 + \delta_1) + K_{x_{fJ}} + \Theta \cdot k_{Tr_{V_1}}]$$
$$- (\sqrt{X_0})^3 \cdot L_a \cdot k_{l_{nJ}} - (\sqrt{X_0}) \cdot J_F \cdot k_{l_{nJ}} + \frac{2 \cdot J_F \cdot (k_{l_1} + U_h \cdot k_{l_2})}{v_{l_h} \cdot N_e \cdot U_h} = 0 \quad (25)$$

Die Abschätzung der Größenordnung der einzelnen Glieder von Gl. (25) ergibt, daß mit großer Annäherung das Glied mit $(\sqrt{X_0})^3$ und das Absolutglied vernachlässigt werden können. Damit erhält man folgenden Näherungswert für die wirtschaftliche Zahl von Unterstationen X_0 je km²:

$$X_0 = \sqrt[3]{\frac{J_F^2 \cdot k_{l_{nJ}}^2}{16 [\Theta \cdot k_{Tr_1} (U_h^2 + \delta_1) + K_{x_{fJ}} + \Theta \cdot k_{Tr_{V_1}}]^2}} \quad . \; . \; . \; (26)$$

Die für die wirtschaftliche Zahl von Unterstationen je km² wesentlichen Größen sind nach obiger Gleichung also die Energieflächendichte J_F im Niederspannungskabelnetz, zu errechnen als Summe der gleichzeitigen Spitzenleistungen der Einzelverbraucher in kVA/km², die jährlichen Betriebskosten $k_{l_{n_J}}$ eines km Niederspannungskabel je kVA maximaler Durchgangsleistung und die leistungsunabhängigen jährlichen Betriebskosten einer Unterstation, welche durch den Klammerausdruck im Nenner dargestellt werden. Da diese wesentlich von der Verteilerhochspannung abhängen, ist dadurch auch indirekt der Einfluß des Hochspannungskabelnetzes festgelegt, obwohl es direkt in der Formel nicht erscheint. Wenn J_F und L_a rückwärts aus den in den Unterstationen bzw. der Zentrale anfallenden Leistungen berechnet werden soll, muß J_F im Verhältnis des Verschiedenheitsfaktors v_z gegenüber der aus der Unterstations- oder Zentralenleistung errechneten Flächendichte J_F' vergrößert werden. Demnach werden $J_F = J_F' \cdot v_z$ kVA/km² und $L_a = (J_F' \cdot y^2 \cdot v_z)$ kVA.

Die genaue Gl. (25) für X_0 enthält in dem Glied mit $(\sqrt{X_0})^3$ eine Abhängigkeit von der Leistung L_a der Einzelverbraucher und in dem Absolutglied eine solche von den Hochspannungskabelkosten und der Netzausdehnung. Ihr Einfluß kann bei Kabelnetzen kleiner Netzausdehnung N_e und großer Verbraucherleistung L_a Abweichungen von der angenäherten Gl. (26) in der Größenordnung von 10% bewirken. Im allgemeinen beträgt der bei Vernachlässigung dieser Faktoren entstehende Fehler weniger als 5%. Man kann also sagen, daß meist die maximale Leistungsaufnahme der Einzelverbraucher, die Kosten des Hochspannungskabelnetzes und die Netzausdehnung praktisch keinen Einfluß auf die wirtschaftliche Unterstationszahl X_0 je km² ausüben. Durch Einsetzen des sich aus Gl. (26) ergebenden Näherungswertes in Gl. (25) läßt sich jedoch leicht jeweils der genaue Wert für X_0 errechnen (s. Weiteres über X_0 in Kapitel IX A).

Wenn auch die Kosten des Hochspannungskabelnetzes selbst die wirtschaftliche Unterstationszahl praktisch nur wenig beeinflussen können, so gilt das nicht für die Hochspannung selbst. Ihre Höhe erscheint als entscheidender Faktor in den Kosten für die leistungsunabhängigen jährlichen Betriebskosten einer Unterstation. Sie muß daher zunächst ermittelt werden.

Die Differentiation von Gl. (24) nach U_h ergibt folgende Bedingungsgleichung für die wirtschaftliche Verteilerhochspannung U_h:

$$4 \cdot v_{l_h} \cdot v_{Tr} \cdot \Theta \cdot k_{Tr_1} \cdot X^2 \cdot U_h^3 + 2\, v_{l_h} \cdot J_F \cdot k_{Tr_{V_2}} \cdot X \cdot N_e^2 \cdot U_h^2 - v_{Tr} \cdot k_{l_1} \cdot J_F \cdot N_e^3 (X - 1) = 0 \quad \ldots \ldots \ldots \ldots (27)$$

Zur Eliminierung von X aus dieser Gleichung kann die Näherungsformel (26) benützt werden, da bei den großen Sprüngen in der Reihe der normalisierten Spannungen eine um einige Prozente gegenüber der wirtschaftlichen abweichenden Zahl von Unterstationen keine Änderung der wirtschaftlichen Spannung ergeben wird. Eine Auflösung der sich daraus ergebenden Gleichung nach U_h ist nicht zweckmäßig. Sie stellt jedoch eine Gleichung zweiten Grades nach N_e dar, aus der sich die wirtschaftliche Netzgröße N in km für eine gegebene Verteilerspannung U_h errechnen läßt:

$$N = \frac{v_{l_h} \cdot k_{Tr_{V_2}} \cdot U_h^2}{v_{Tr} \cdot k_{l_{h_1}}} + \frac{v_{l_h} \cdot v_{Tr} \cdot \Theta \cdot k_{l_{n_J}} \cdot k_{Tr_1} \cdot U_h^3 + \sqrt{\begin{array}{l}(v_{l_h} \cdot v_{Tr} \cdot \Theta \cdot k_{l_{n_J}} \cdot k_{Tr_1} \cdot U_h^3)^2 \\ + 2 v_{l_h}^2 \cdot v_{Tr} \cdot \Theta \cdot k_{l_{n_J}} \cdot k_{Tr_1} \cdot k_{Tr_{V_2}} \cdot U_h^5 \cdot Y_2 \\ + 4 v_{Tr}^2 \cdot k_{l_{h_1}}^2 [\Theta \cdot k_{Tr_1} \cdot (U_h^2 + \delta_1) + K_{x_{f_J}} + \Theta \cdot k_{Tr_{V_1}}]^2 \\ + v_{l_h}^2 \cdot k_{Tr_{V_2}}^2 \cdot U_h^4 \cdot Y_2^2\end{array}}}{v_{Tr} \cdot k_{l_{h_1}} \cdot Y_2} \qquad (28)$$

worin

$$Y_2 = \sqrt[3]{2 J_F \cdot k_{l_{n_J}} (\Theta \cdot k_{Tr_1} (U_h^2 + \delta_1) + K_{x_{f_J}} + \Theta \cdot k_{Tr_{V_1}})^2}.$$

In Gl. (28) sind wesentliche Zusammenziehungen nicht vorgenommen worden, um die Bedeutung und die Abhängigkeit der einzelnen Faktoren klar erkennen zu können. Diese Faktoren sind in ihrer Größenordnung einander nicht allgemein gleichwertig. Ihr relativer Wert schwankt je nach Spannung, Flächendichte und Verteilungsform, so daß eigentlich nur dem vierten Glied unter der Wurzel

$$(v_{l_h}^2 \cdot k_{Tr_{V_2}}^2 \cdot U_h^4 \cdot Y_2^2)$$

meist eine verminderte Bedeutung zukommt. Der Wert des Gliedes vor dem Bruchstrich

$$\frac{v_{l_h} \cdot k_{Tr_{V_2}} \cdot U_h^2}{v_{Tr} \cdot k_{l_{h_1}}}$$

stellt je nach Spannung und Flächendichte zwischen 5% und 15% des Gesamtwertes von N dar.

Bei der Spannung $U_h = 3$ kV ist bei allen Flächendichten das dritte Glied unter der Wurzel vorherrschend, so daß hierbei N durch das Verhältnis

$$\sqrt[3]{\frac{[\Theta \cdot k_{Tr_1} (U_h^2 + \delta_1) + K_{x_{f_J}} + \Theta \cdot k_{Tr_1}]}{2 J_F \cdot k_{l_{n_J}}}}$$

wesentlich bestimmt wird.

Die Hochspannungskabelkosten und die leistungsabhängigen Kosten der Unterstationen beeinflussen N bei 3 kV nur zu 10 bis 20%.

Bei der Spannung $U_h = 6$ kV sind die drei ersten Glieder unter der Wurzel einander in der Größenordnung etwa gleich, so daß sich keine Vereinfachungen gegenüber Gl. (28) ergeben.

Bei allen Spannungen $U_h \geq 10$ kV sind die zwei ersten Glieder unter der Wurzel vorherrschend, so daß hierbei N durch den Ausdruck

$$\frac{2 v_{l_h} \cdot \Theta \cdot k_{Tr_1} \cdot U_h^3}{k_{l_{h_1}}} \sqrt[3]{\frac{k_{l_{n_J}}^2}{2 J_F [\Theta \cdot k_{Tr_1} (U_h^2 + \delta_1) + K_{x_{f_J}} + \Theta \cdot k_{Tr_{V_1}}]^2}}$$

bestimmt wird. Gegenüber der Spannung 3 kV hat sich also der Einfluß der spezifischen Kosten der Niederspannungskabel und der leistungsunabhängigen Kosten einer Unterstation umgekehrt. Je höher die spezifischen Niederspannungskabelkosten, desto größer ist also nunmehr die wirtschaftliche Netzgröße für eine bestimmte Spannung. Diese Umkehr gegenüber 3 kV läßt sich damit erklären, daß im Gegensatz zu den kleinen Verteilungsspannungen bei $U_h \geqq 10$ kV die Zahl der Unterstationen je km² mit wachsender Spannung stark fällt, so daß damit der Anteil der Niederspannungskabelkosten steigt. Ähnliche Überlegungen lassen sich bezüglich des Einflusses der leistungsunabhängigen Kosten einer Unterstation anstellen.

Die Erhöhung der Transformatorzahl je Station bewirkt eine schwache Vergrößerung der wirtschaftlichen Netzgröße bei gegebener Spannung. Das läßt sich daraus erklären, daß bei der kleineren Spannung der Einfluß der Transformator- und etwaiger Hochspannungsschalterkosten geringer wird. Näheres über die wirtschaftliche Netzgröße bei gegebener Spannung ist in Kapitel IXB enthalten.

Nach Ermittlung der wirtschaftlichen Verteilerspannung U_h kann nunmehr die wirtschaftliche Unterstationszahl X_0 je km² berechnet werden. Die Näherungsformel (26) für X_0 kann auch in die Ausgangsgleichung (24) eingesetzt und damit die gesamten jährlichen Betriebskosten eines quadratischen Zweispannungsnetzes ohne Abzweigschalter und Hausanschlußleitungen bei wirtschaftlicher Ausführung ermittelt werden:

$$N_e^3 \cdot \frac{k_{lh_J} \cdot J_F}{2\, v_{lh}} + N_e^2 \Bigg[3\, X_0 \left[\Theta\, k_{Tr_1} (U_h^2 + \delta_1) + K_{x_{f_J}} + \Theta \cdot k_{Tr_{V_1}}\right] + \frac{J_F}{v_{Tr}} \left[k_{Tr_{V_2}} \cdot U_h + k_{Tr_2} + k_{Tr_{V_2}}\right] - \frac{L_a \cdot k_{ln_J} \cdot \sqrt{X_0}}{2} \Bigg] - N_e \cdot \frac{k_{lh_J} \cdot J_F}{2\, v_{lh} \cdot X_0} + K_{l_{V_f}} \text{ RM./Jahr.} \qquad (29)$$

In ähnlicher Weise läßt sich eine mathematische Formel für die gesamten Anlagekosten eines quadratischen Zweispannungsnetzes ohne Abzweigschalter und Hausanschlußleitungen bei wirtschaftlicher Ausführung aufstellen:

$$N_e^3 \cdot \frac{k_{lh} \cdot J_F}{2\, v_{lh}} + N_e^2 \Bigg[\frac{k_{ln}}{2 \cdot \sqrt{X_0}} (J_F - L_a \cdot X_0) + X_0 (\Theta \cdot k_{x_1} (U_h^2 + \delta_1) + K_{x_f}) + \frac{J_F}{v_{Tr}} \cdot k_{x_2} \Bigg] - N_e \cdot \frac{k_{lh} \cdot J_F}{2\, v_{lh} \cdot X_0} \text{ RM.} \qquad (30)$$

In den Gl. (29) und (30) ist das Glied mit N_e praktisch meist vernachlässigbar. Das Glied mit N_e^3 fällt, das Glied mit N_e^2 steigt mit wachsender Spannung. Durch das Zusammenwirken dieser beiden Glieder ergibt sich das Minimum bei wirtschaftlicher Spannung.

Sowohl die jährlichen Betriebskosten als die Anlagekosten für ein quadratisches Zweispannungsnetz enthalten eine lineare Abhängigkeit von der Flächendichte und eine kubische Abhängigkeit von der effektiven Netzgröße. Dasselbe gilt gemäß den Formeln (23a) und (21a) für die reine Niederspannungsverteilung. Gegenüber dieser besteht jedoch der wesentliche Unterschied, daß sich bei der Zweispannungsverteilung nur die Hochspannungskabelkosten mit der dritten Potenz, die Kosten des Niederspannungskabelnetzes und der Unterstationen nur mit der zweiten Potenz der Netzausdehnung ändern.

Weitere Einzelheiten über die Anlage- und Betriebskosten von Netzen sind in den Kapiteln VIIA und IXC enthalten.

Aus Gl. (26) läßt sich für die wirtschaftliche Transformatorleistung L_{Tr_w} kVA folgende einfache Beziehung ableiten:

$$L_{Tr_w} = \frac{r_{Tr_1} \cdot J_F}{v_{Tr} \cdot \Theta \cdot X_0} \text{ kVA.} \qquad (31)$$

c) Dreispannungsnetz ohne Mittelspannungsverbraucher.

Die Gründe, die zur Wahl eines Dreispannungsnetzes an Stelle einer Zweispannungsverteilung führen können, werden im Kapitel VII ausführlich behandelt werden. Die folgenden Untersuchungen werden unter der Annahme angestellt, daß die Höhe der Mittelspannung irgendwie gegeben ist, und daß es sich darum handelt, die Höhe der wirtschaftlichen Verteilerhochspannung und die wirtschaftliche Zahl von Mittelspannungs- und Hochspannungstransformatorstationen zu bestimmen.

Die Berechnung dieser wirtschaftlichen Größen muß ähnlich wie bei der Zweispannungsverteilung von einem mathematischen Ausdruck für die jährlichen Betriebskosten des Netzes ausgehen. Seine Herleitung erfolgt in derselben Weise wie bei der Zweispannungsverteilung. Durch die Annahme von X_m Mittelspannungs- und X_h Hochspannungsstationen sind die Größe des auf die Stationen entfallenden Versorgungsgebietes, die Zahl der je Hochspannungsstation einzusetzenden Mittelspannungsstationen und die in ihnen zu transformierenden Leistungen festgelegt.

Die Kosten der Hausanschlußleitungen sowie der Hoch- und Niederspannungsabzweigzellen können wieder unberücksichtigt bleiben, da sie von der Zahl der Unterstationen unabhängig sind. Damit werden die gesamten jährlichen Betriebskosten des Dreispannungsnetzes ohne Abzweigschalter und Hausanschlußleitungen:

$$\frac{k_{l_{n_J}}}{2} \cdot \frac{N_e}{\sqrt{X_m}} (J_F \cdot N_e^2 - L_a \cdot X_m) + \frac{J_F \cdot N_e^3 (k_{l_1} + U_h \cdot k_{l_2})}{2\, v_{l_h} \cdot U_h} \cdot \frac{(X_h - 1)}{X_h}$$

$$+ \frac{J_F \cdot N_e^3 \cdot (k_{l_1} + U_m \cdot k_{l_2})}{2\, v_{l_m} \cdot U_m} \cdot \frac{(X_m - X_h)}{X_m \cdot \sqrt{X_h}}$$

$$+ X_h \left(\Theta_h \cdot k_{Tr_{h_1}} (U_h^2 + \delta_{h_1}) + K_{x_{f_{J_h}}} + \Theta_h \cdot k_{Tr\,V_{h_1}}\right)$$

$$+ X_m \left(\Theta_m \cdot k_{Tr_{m_1}} (U_m^2 + \delta_{m_1}) + K_{x_{f_{J_m}}} + \Theta_m \cdot k_{Tr\,V_{m_1}}\right)$$

$$+ \frac{J_F \cdot N_e^2}{v_{Tr_h}} \left(k_{Tr_{h_2}} + k_{Tr\,V_{h_2}} \cdot U_h + k_{Tr\,V_{h_3}}\right)$$

$$+ \frac{J_F \cdot N_e^2}{v_{Tr_m}} \left(k_{Tr_{m_2}} + k_{Tr\,V_{m_2}} \cdot U_m + k_{Tr\,V_{m_3}}\right) + K_{l\,V_{f_J}} \text{ RM./Jahr.} \quad . . . (32)$$

Im vorhergehenden Abschnitt ergab sich die wirtschaftliche Zahl von Unterstationen aus dem Verhältnis der spezifischen Niederspannungskabelkosten und der leistungsunabhängigen Kosten einer Unterstation, welche außer von ihrer besonderen Ausführungsform mit Hochspannungssicherungen, mit Ölschaltern oder als Maschennetzstation allein von der Oberspannung abhängen. Wenn daher die Höhe der Mittelspannung bekannt ist, kann unabhängig von der Höhe der Verteilerhochspannung und der Zahl der Hochspannungsstationen die wirtschaftliche Zahl von Mittelspannungsstationen X_{m_0} je km² berechnet werden als:

$$X_{m_0} = \sqrt[3]{\frac{J_F^2 \cdot k_{l_{n_J}}^2}{16 (\Theta_m \cdot k_{Tr_{m_1}} (U_m^2 + \delta_{m_1}) + K_{x_{f_{J_m}}} + \Theta_m \cdot k_{Tr\,V_{m_1}})^2}} \quad . \quad (33)$$

X_m kann deshalb für die Errechnung der wirtschaftlichen Zahl von Hochspannungsstationen aus Gl. (32) als Konstante angesehen werden.

Durch Differentiation der Gl. (32) nach X_h und Durchdivision mit N_e^2 ergibt sich folgende Bedingungsgleichung für die wirtschaftliche Zahl von Hochspannungsstationen X_{h_0} je km²:

$$4 \cdot (\sqrt{X_{h_0}})^4 (\Theta_h \cdot k_{Tr_{h_1}} (U_h^2 + \delta_{h_1}) + K_{x_{f_{J_h}}} + \Theta_h \cdot k_{Tr\,V_1})$$

$$- (\sqrt{X_{h_0}})^3 \cdot \frac{J_F \cdot N_e^2 \cdot k_{l_{m_J}}}{v_{l_m} \cdot X_m} - (\sqrt{X_{h_0}}) \frac{J_F \cdot k_{l_{m_J}}}{v_{l_m}}$$

$$+ \frac{2\, J_F \cdot (k_{l_1} + U_h \cdot k_{l_2})}{v_{l_h} \cdot N_e \cdot U_h} = 0 \quad . . . (34)$$

Wie beim Zweispannungsnetz lassen sich das Glied mit $(\sqrt{X_{h_0}})^3$ und das Absolutglied mit großer Annäherung vernachlässigen. Damit wird die wirtschaftliche Zahl von Hochspannungsstationen je km² angenähert:

$$X_{h_0} = \sqrt[3]{\frac{J_F^2 \cdot k_{l_{m_J}}^{\ 2}}{16 \cdot v_{l_m}^{\ 2} \left(\Theta_h \cdot k_{Tr_{h_1}} (U_h^2 + \delta_{h_1}) + K_{x_{f_{J_h}}} + \Theta_h \cdot k_{Tr_{V_{h_1}}}\right)}} \quad . \quad (35)$$

Im Vergleich zur Gl. (26) ist nur an Stelle von $k_{l_{n_J}}$ der Faktor $\left(\frac{k_{l_{m_J}}}{v_{l_m}}\right)$ getreten, d. h. die jährlichen Betriebskosten eines km Mittelspannungskabel je kVA maximaler Durchgangsleistung und der Verschiedenheitsfaktor v_{l_m}, welcher die Verminderung der für die Mittelspannungskabel gegenüber den Niederspannungskabeln geltenden Energieflächendichte ausdrückt.

Wie beim Zweispannungsnetz kann der genaue Wert für X_{h_0} durch Einsetzen von Formel (35) in die Gl. (34) errechnet werden. Die sich dabei ergebenden Unterschiede in den Werten nach Gl. (34) oder (35) liegen meist zwischen 5 und 7% von X_{h_0}. Nur bei Anlagen mit Netzgrößen unter etwa 0,5 km ergeben sich größere Abweichungen.

Damit kann die wirtschaftliche Unterstationszahl für eine beliebige Zahl von übereinander gelagerten Netzen verschiedener Spannung errechnet werden, indem jeweils die spezifischen Kabelkosten für die in den betreffenden Stationen erzeugte Unterspannung zu den leistungsunabhängigen Kosten einer Unterstation der für die Stationen in Frage kommenden Oberspannung gemäß Gl. (35) in Beziehung gesetzt werden.

Da die spezifischen Kosten für Mittelspannungskabel wesentlich niedriger sind als die für Niederspannungskabel, ergibt sich nach Gl. (35) bei derselben Spannung eine entsprechend kleinere wirtschaftliche Unterstationszahl X_{h_0} gegenüber Gl. (26) für das Zweispannungsnetz.

Die sich aus der Differentiation von Gl. (32) nach der Verteilerhochspannung U_h ergebende Bedingungsgleichung für deren wirtschaftlichsten Wert stimmt in ihrem Aufbau mit der Gl. (27) für das Zweispannungsnetz überein. Entsprechend wird die wirtschaftliche Netzgröße in km bei gegebener Spannung U_h für ein Dreispannungsnetz:

$$N = \frac{v_{l_h} \cdot k_{Tr_{V_{h_2}}} \cdot U_h^2}{v_{Tr_h} \cdot k_{l_{h_1}}} + \frac{v_{l_h} \cdot v_{Tr} \Theta_h \cdot \frac{k_{l_{m_J}}}{v_{lm}} \cdot k_{Tr_{h_1}} \cdot U_h^3 + \sqrt{\begin{array}{l} \left(v_{l_h} \cdot v_{Tr} \cdot \Theta_h \cdot \frac{k_{l_{m_J}}}{v_{lm}} \cdot k_{Tr_{h_1}} \cdot U_h^3\right)^2 \\ + 2\, v_{l_h}^{\ 2} \cdot v_{Tr_h} \cdot \Theta_h \cdot \frac{k_{l_{m_J}}}{v_{lm}} \cdot k_{Tr_{h_1}} \cdot k_{Tr_{V_{h_2}}} \cdot U_h^5 \cdot Y_3 \\ + 4\, v_{Tr_h}^{\ 2} \cdot k_{l_{h_1}}^{\ 2} \left[\begin{array}{l} \Theta_h \cdot k_{Tr_{h_1}} \cdot (U_h^2 + \delta_{h_1}) + K_{x_{f_{J_h}}} \\ \quad + \Theta_h \cdot k_{Tr_{V_{h_1}}} \end{array}\right]^2 \\ + v_{l_h}^{\ 2} \cdot k_{Tr_{V_{h_2}}}^{\ 2} \cdot U_h^4 \cdot Y_3^2 \end{array}}}{v_{Tr_h} \cdot k_{l_{h_1}} \cdot Y_3} \quad . \; . \; . \; (36)$$

worin

$$Y_3 = \sqrt[3]{2 \cdot J_F \cdot \frac{k_{l_{m_J}}}{v_{l_m}} \left(\Theta_h \cdot k_{Tr_{h_1}} (U_h{}^2 + \delta_{h_1}) + K_{x_{f_{J_h}}} + \Theta_h \cdot k_{Tr\,V_{h_1}}\right)^2}.$$

Der Ausdruck (36) für die wirtschaftliche Netzgröße N bei einer gegebenen Verteilerspannung eines Dreispannungsnetzes stimmt mit der für eine Zweispannungsverteilung entwickelten Formel (28) überein, wenn an Stelle von $k_{l_{n_J}}$ der Wert $\frac{k_{l_{m_J}}}{v_{lm}}$ gesetzt wird.

Es ergeben sich bei der Dreispannungsverteilung gegenüber der Zweispannungsverteilung für dieselbe Verteilerhochspannung wesentlich niedrigere wirtschaftliche Netzgrößen. Das erklärt sich daraus, daß bei der Dreispannungsverteilung die Zahl der Hochspannungsstationen und damit deren Kosten gegenüber der Zweispannungsverteilung wesentlich zurücktreten.

Durch Verwertung der Formeln (33) und (35) ist es möglich, die Gl. (32) wesentlich zu vereinfachen und folgende B e z i e h u n g f ü r d i e g e s a m t e n j ä h r l i c h e n B e t r i e b s k o s t e n e i n e s q u a d r a t i s c h e n D r e i s p a n n u n g s n e t z e s o h n e H a u s a n s c h l u ß l e i t u n g e n u n d N i e d e r- u n d M i t t e l s p a n n u n g s a b z w e i g z e l l e n b e i w i r t s c h a f t l i c h e r A u s f ü h r u n g aufzustellen:

$$\begin{aligned} N_e{}^3 \cdot \frac{k_{l_{h_J}} \cdot J_F}{2 \cdot v_{l_h}} & \\ + N_e{}^2 \Bigg[& 3\, X_{m_0} \left(\Theta_m \cdot k_{Tr_{m_1}} (U_m{}^2 + \delta_{m_1}) + K_{x_{f_{J_m}}} + \Theta_m \cdot k_{Tr\,V_{m_1}}\right) \\ & + 3\, X_{h_0} \left(\Theta_h \cdot k_{Tr_{h_1}} (U_h{}^2 + \delta_{h_1}) + K_{x_{f_{J_h}}} + \Theta_h \cdot k_{Tr\,V_{h_1}}\right) \\ & + \frac{J_F}{v_{Tr_m}} \left(k_{Tr\,V_{m_2}} \cdot U_m + k_{Tr_{m_2}} + k_{Tr\,V_{m_3}}\right) \\ & + \frac{J_F}{v_{Tr_h}} \left(k_{Tr\,V_{h_2}} \cdot U_h + k_{Tr_{h_2}} + k_{Tr\,V_{h_3}}\right) \\ & - \frac{L_a \cdot k_{l_{n_J}} \cdot \sqrt{X_{m_0}}}{2} - \frac{J_F \cdot k_{l_{m_J}} \cdot \sqrt{X_{h_0}}}{2 \cdot v_{l_m} \cdot X_{m_0}} \Bigg] \\ - N_e \cdot \frac{J_F \cdot k_{l_{h_J}}}{2\, v_{l_h} \cdot X_{h_0}} & + K_{l\,V_f} \text{ RM./Jahr.} \quad (37) \end{aligned}$$

Bei wirtschaftlicher Spannung ergeben die positiven Glieder mit $N_e{}^2$ den Hauptkostenanteil, während das Glied mit N_e praktisch vernachlässigbar ist.

Die entsprechende Formel für die g e s a m t e n A n l a g e k o s t e n eines q u a d r a t i s c h e n D r e i s p a n n u n g s n e t z e s o h n e H a u s a n s c h l u ß l e i -

tungen und Nieder- und Mittelspannungsabzweigzellen bei wirtschaftlicher Ausführung lautet:

$$
\begin{aligned}
N_e^3 \cdot \frac{k_{l_h} \cdot J_F}{2\, v_{l_h}} + N_e^2 \Bigg[& \frac{k_{l_n}}{2\sqrt{X_{m_0}}} (J_F - L_a \cdot X_{m_0}) \\
& + \frac{J_F \cdot k_{l_m}}{2 \cdot v_{l_m} \cdot X_{m_0} \sqrt{X_{h_0}}} (X_{m_0} - X_{h_0}) \\
& + X_{m_0} \left(\Theta_m \cdot k_{x_{m_1}} (U_m^2 + \delta_{m_1}) + K_{x_{f_m}}\right) \\
& + X_{h_0} \left(\Theta_h \cdot k_{x_{h_1}} (U_h^2 + \delta_{h_1}) + K_{x_{f_h}}\right) \\
& + J_F \cdot \left(\frac{k_{x_{m_2}}}{v_{Tr_m}} + \frac{k_{x_{h_2}}}{v_{Tr_h}}\right) \Bigg] \\
& - N_e \cdot \frac{k_{l_h} \cdot J_F}{2\, v_{l_h} \cdot X_{h_0}} \,\mathrm{RM}. \qquad (38)
\end{aligned}
$$

Auch die Anlage- und Betriebskosten einer quadratischen Dreispannungsverteilung ändern sich linear mit der Flächendichte und in der dritten Potenz mit der Netzausdehnung. Mit dieser sind jedoch bei der Dreispannungsverteilung nur die Kosten des Hochspannungskabelnetzes verbunden, während sich die Kosten des Mittel- und Niederspannungskabelnetzes sowie der Unterstationen nur quadratisch mit der Netzausdehnung ändern. Die sich aus den Gl. (37) und (38) ergebenden Folgerungen für die Anwendungsgebiete von Dreispannungsnetzen werden in Kapitel VII gesondert behandelt.

Die für das Zweispannungsnetz entwickelte Formel (31) für die wirtschaftliche Transformatorleistung L_{Tr_w} gilt auch für Dreispannungsnetze, wenn die auf die Hoch- und Mittelspannungsstationen bezüglichen Werte entsprechend eingesetzt werden.

C. Wirtschaftliche Gestaltung von rechteckig aufgebauten Drehstromkabelnetzen mit Zentrale in Anlagenmitte.

Die im vorigen Kapitel behandelte Energieverteilung in quadratisch aufgebauten Netzen stellt nur einen Sonderfall einer Verteilung in rechteckig aufgebauten Netzen dar. Die dort gefundenen Beziehungen werden jedoch die Lösung der wesentlich komplizierteren Ansatzgleichungen für rechteckige Netze erleichtern. Es wird wieder auszugehen sein von einem Netz, in dem die Verbraucher in unter sich sämtlich parallelen Straßen liegen. In dem unteren Teil von Abb. 5 ist die Hälfte eines Netzes aufgezeichnet, wie es den folgenden Rechnungen zugrunde liegt. Die Zahl der parallelen Verbraucherstraßen sei wieder z, die Entfernung dieser Straßen voneinander sei y km. Die Anzahl der Verbraucher (Hauptanschlußpunkten, von denen die Hausanschlußleitungen abgehen) je Parallelstraße sei jedoch nicht mehr wie beim quadratisch aufgebauten Netz gleich z, sondern $m \cdot z$, und die Entfernung der Verbraucher in Parallelstraßen sei $(n \cdot y)$ km.

Die Gesamtzahl der Hauptanschlußpunkte im Netz ist damit $m\,z^2$ und die gesamte maximale Netzverteilerleistung, errechnet als Summe der maximalen Verbrauchszahlen an den Hauptanschlußpunkten $(m\,z^2 \cdot L_a)$ kVA. Durch die Veränderung der Konstanten m und n können sowohl Unterschiede in der Flächendichte als auch der Netzausdehnung in den beiden Hauptrichtungen gekennzeichnet werden.

Die folgenden mathematischen Herleitungen werden wie beim quadratischen Netz für eine reine Niederspannungsverteilung, für ein Zweispannungs- und ein Dreispannungsnetz durchgeführt.

a) Reine Niederspannungsverteilung.

Für eine Anordnung von Energieverbrauchern mit je L_a kVA maximaler Leistungsaufnahme nach Abb. 5 unterer Teil, zu einem symmetrischen Netz ergänzt gedacht, ist die auf die Strecke 1 entfallende Übertragungsleistung $\left(\frac{(z-1)}{2} \cdot m \cdot z \cdot L_a\right)$ kVA. Auf die Strecke 2 entfallen $\left(\frac{(z-3)}{2} \cdot m \cdot z \cdot L_a\right)$ kVA. Die Kosten der Kabelstrecken quer zu den Verbraucherstraßen werden demnach:

$$m \cdot L_a \cdot y \cdot k_{l_n} \cdot z\,[(z-1)+(z-3)+(z-5)+\ldots]$$
$$= m \cdot L_a \cdot y \cdot k_{l_n}\, z\,\frac{(z^2-1)}{4}\ \text{RM}.$$

Auf die Strecke $4'$ in Richtung der Verbraucherstraßen entfällt entsprechend die Durchgangsleistung $\left(\frac{(m\,z-1)}{2} \cdot L_a\right)$ kVA. Sie tritt aber $(2\,z)$mal auf. Ähnliche Überlegungen gelten für die übrigen Teilstrecken in Richtung der Verbraucherstraßen, so daß sich für die Kosten der in Richtung der Verbraucherstraßen liegenden Kabelstrecken anschreiben läßt:

$$L_a \cdot n \cdot y \cdot k_{l_n} \cdot z\,[(m\,z-1)+(m\,z-3)+(m\,z-5)+\ldots]$$
$$= L_a \cdot n \cdot y \cdot k_{l_n} \cdot z\,\frac{(m^2\,z^2-1)}{4}\ \text{RM}.$$

Die gesamten Anlagekosten einer rechteckigen Niederspannungskabelverteilung ohne Abzweigschalter und Hausanschlußleitungen werden demnach:

$$L_a \cdot y \cdot k_{l_n} \cdot \frac{z}{4}\,[m \cdot (z^2-1) + n\,(m^2\,z^2-1)]\ \text{RM}. \quad . \quad . \quad . \quad (39)$$

Da die Stromwärmeverluste in einer Kabelstrecke nach Gl. (12) ebenfalls der Durchgangsleistung und Kabellänge direkt proportional sind, läßt sich für die Kosten der jährlichen Stromwärmeverluste im Niederspannungsnetz ableiten:

$$L_a \cdot y \cdot k_{l_{V_J}} \cdot \frac{z}{4} [m (z^2 - 1) + n (m^2 z^2 - 1)] \text{ RM./Jahr.} \quad (40)$$

Damit werden die jährlichen Betriebskosten der Niederspannungskabelverteilung ohne Abzweigschalter und Hausanschlußleitungen:

$$L_a \cdot y \cdot k_{l_{n_J}} \cdot \frac{z}{4} [m (z^2 - 1) + n (m^2 z^2 - 1)] + K_{l_{V_f}} \text{ RM./Jahr.} \quad (41)$$

Die effektive Netzgröße quer zu den Verbraucherstraßen sei $N_{e_1} = (y \cdot z)$ km, und die effektive Netzgröße in Richtung der Verbraucherstraßen $N_{e_2} = (m \cdot n \cdot y \cdot z)$ km. Die Energieflächendichte J_F, berechnet aus der Summe der Einzelverbraucherleistungen wird

$$\frac{m z^2 \cdot L_a}{z \cdot y \cdot m \cdot n z \cdot y}, \text{ also} = \frac{L_a}{n \cdot y^2} \text{ kVA/km}^2.$$

Häufig sind an Stelle der Summe der gleichzeitigen Spitzenleistungen an den Hauptanschlußpunkten zu den Hausanschlußleitungen die in der Zentrale oder den Unterstationen anfallenden Maximalleistungen und die Netzfläche bekannt. Mittels der damit gegebenen Energieflächendichte J_F' kVA/km², kann die für die Niederspannungsverteilerleitungen maßgebende Flächendichte J_F zu $J_F = v_z \cdot J_F'$ kVA pro km² und die Einzelverbraucherleistung La an den Hauptanschlußpunkten zu $L_a = (v_z \cdot n \cdot y^2 \cdot J_F')$ kVA berechnet werden. Es ist zweckmäßiger, die Netzberechnung auf die Flächendichte J_F aufzubauen, da die aus der Verteilerleistung in der Zentrale oder den Unterstationen errechnete Flächendichte J_F' je nach Fremdspeisung oder Eigenerzeugung verschieden definiert werden muß (Näheres über Verschiedenheitsfaktoren s. Kapitel VIII A).

Unter Benützung von J_F und N_{e_1} und N_{e_2} können obige Gleichungen wie folgt umgeformt werden:

Gesamte Anlagekosten der rechteckigen Niederspannungskabelverteilung ohne Abzweigschalter und Hausanschlußleitungen:

$$\frac{k_{l_n}}{4} [J_F \cdot N_{e_1} \cdot N_{e_2} (N_{e_1} + N_{e_2}) - L_a N_{e_1} (m + n)] \text{ RM.} \quad (39a)$$

Kosten der jährlichen Stromwärmeverluste in der rechteckigen Niederspannungskabelverteilung:

$$\frac{k_{l_{V_J}}}{4} [J_F \cdot N_{e_1} \cdot N_{e_2} (N_{e_1} + N_{e_2}) - L_a N_{e_1} (m + n)] \text{ RM./Jahr.} \quad (40a)$$

Gesamte jährliche Betriebskosten der rechteckigen Niederspannungskabelverteilung ohne Abzweigschalter und Hausanschlußleitungen:

$$\frac{k_{l_{n_J}}}{4}\left[J_F \cdot N_{e_1} \cdot N_{e_2}(N_{e_1} + N_{e_2}) - L_a N_{e_1}(m+n)\right] + K_{l_{V_f}} \text{ RM./Jahr.} \quad (41\text{a})$$

Der Aufbau der Formeln ist komplizierter als bei der quadratischen Anordnung der Verbraucher. Die lineare Abhängigkeit der Kostenwerte von der Flächendichte und die kubische von der Netzausdehnung ist jedoch, wie zu erwarten war, bestehen geblieben. Die Bedeutung des negativen Faktors ist gering. Man kann obige Gleichungen deshalb so ausdrücken, daß sich die Anlage-, Verlust- und jährlichen Betriebskosten einer reinen rechteckigen Niederspannungsverteilung als Produkt aus der gesamten maximalen Netzverteilerleistung, dem achten Teil des Netzumfangs und des jeweiligen spezifischen Kostenwertes k_{l_n} bzw. $k_{l_{V_J}}$ oder $k_{l_{n_J}}$ errechnen läßt.

b) Rechteckiges Zweispannungsnetz ohne Hochspannungsverbraucher.

Die folgenden mathematischen Ableitungen gehen ähnlich wie beim quadratischen Zweispannungsnetz in Kapitel V B b von der Voraussetzung aus, daß die gesamte Netzleistung in Niederspannung verbraucht wird. Der Einfluß von Hochspannungsverbrauchern auf die wirtschaftliche Ausführung des Netzes wird in einem späteren Abschnitt behandelt.

Während bei der quadratischen Netzanordnung angenommen werden konnte, daß sich X Netzstationen in den beiden Netzhauptrichtungen je nach $\sqrt{X}$ aufteilen, gilt dies nicht mehr für ein beliebiges rechteckiges Netz. Die Anzahl von Unterstationen in der einen Netzhauptrichtung wird sich von der Zahl in der dazu senkrechten Netzhauptrichtung nach irgendeiner Funktion von (m, n) unterscheiden, die zunächst nicht bekannt ist. Sie werde vorläufig mit M bezeichnet. Damit ist die Zahl der Unterstationen in Richtung quer zu den Verbraucherstraßen $\sqrt{\frac{X}{M}}$, in der Richtung der Verbraucherstraßen $\sqrt{M \cdot X}$.

Die Zahl der Verbraucher je Unterstation in Richtung quer zu den Verbraucherstraßen ist damit $z\sqrt{\frac{M}{X}}$, in Richtung der Verbraucherstraßen $\frac{m\,z}{\sqrt{M \cdot X}}$.

Die Entfernung zweier benachbarter Unterstationen in Richtung quer zu den Verbraucherstraßen ist damit $y \cdot z \cdot \sqrt{\frac{M}{X}}$ km, in Richtung der Verbraucherstraßen $\frac{m \cdot n \cdot y \cdot z}{\sqrt{M \cdot X}}$ km.

Die auf eine Unterstation entfallende maximale Durchgangsleistung ist

$$\frac{m z^2 \cdot L_a}{v_{Tr} \cdot X} \text{ kVA.}$$

Damit sind sämtliche Begrenzungen der von Unterstationen zu versorgenden Gebiete, ihre Zahl und ihre Durchgangsleistungen festgelegt. Es können also unter Anwendung ähnlicher Überlegungen wie bei der reinen Niederspannungsverteilung die gesamten jährlichen Betriebskosten eines rechteckigen Zweispannungsnetzes ohne Abzweigschalter und Hausanschlußleitungen wie folgt abgeleitet werden:

$$\begin{aligned} K_{J_2} = \frac{k_{l_{n_J}}}{4} & \left[J_F \cdot N_{e_1}^2 \cdot N_{e_2} \cdot \frac{(M + m \cdot n)}{\sqrt{M \cdot X}} - L_a \cdot N_{e_1} \cdot (m + n \cdot M) \cdot \sqrt{\frac{X}{M}}\right] \\ & + J_F \cdot N_{e_1}^2 \cdot N_{e_2} \cdot \frac{(k_{l_1} + U_h \cdot k_{l_2})}{4\, v_{l_h} \cdot U_h} \left[(m\,n + 1) - \frac{(M^2 + m \cdot n)}{M \cdot X}\right] \\ & + X \cdot [\Theta \cdot k_{Tr_1} (U_h^2 + \delta_1) + K_{x_{f_J}} + \Theta \cdot k_{Tr_{V_1}}] \\ & + \frac{J_F \cdot N_{e_1} \cdot N_{e_2}}{v_{Tr}} [k_{Tr_2} + k_{Tr_{V_2}} \cdot U_h + k_{Tr_{V_3}}] \\ & + K_{l_{V_f}} \text{ RM./Jahr.} \qquad (42) \end{aligned}$$

Die Differentiation von Gl. (42) nach X ergibt folgende Bedingungsgleichung für die wirtschaftliche Unterstationszahl X, auf die Gesamtfläche $(N_{e_1} \cdot N_{e_2})$ km² gerechnet:

$$\begin{aligned} & 8\, M \cdot (\sqrt{X})^4 [\Theta \cdot k_{Tr_1} (U_h^2 + \delta_1) + K_{x_{f_J}} + \Theta \cdot k_{Tr_{V_1}}] \\ & - (\sqrt{X})^3 \cdot k_{l_{n_J}} \cdot L_a \cdot N_{e_1} (m + n \cdot M) - (\sqrt{X}) \cdot k_{l_{n_J}} \cdot J_F \cdot N_{e_1}^3 \cdot m \cdot n \cdot (M + m \cdot n) \\ & + 2\, J_F \cdot N_{e_1}^3 \frac{(k_{l_1} + U_h \cdot k_{l_2})}{v_{l_h} \cdot U_h \cdot \sqrt{M}} \cdot m \cdot n \cdot (M^2 + m \cdot n) = 0. \qquad (43) \end{aligned}$$

Man kann wieder wie beim quadratischen Netz das Glied mit $(\sqrt{X})^3$ und das Absolutglied vernachlässigen und bekommt folgenden Näherungswert für die wirtschaftliche Unterstationszahl:

$$X = N_{e_1}^2 \sqrt[3]{\frac{k_{l_{n_J}}^2 \cdot J_F^2 \cdot m^2 \cdot n^2 (M + m \cdot n)^2}{64 \cdot M\, (\Theta \cdot k_{Tr_1} (U_h^2 + \delta_1) + K_{x_{f_J}} + \Theta \cdot k_{Tr_{V_1}})^2}} \qquad (44)$$

Bei einem quadratischen Netz derselben Flächendichte und derselben Netzausdehnung N_{e_1} würde die Zahl von Unterstationen quer zu den Verbraucherstraßen betragen:

$$\sqrt{X_1} = N_{e_1} \sqrt[3]{\frac{k_{l_{n_J}} \cdot J_F}{4\, (\Theta \cdot k_{Tr_1} (U_h^2 + \delta_1) + K_{x_{f_J}} + \Theta \cdot k_{Tr_{V_1}})}} \quad . \; . \quad (45)$$

Es ist kein Grund vorhanden, anzunehmen, daß diese Zahl bei einer rechteckigen Netzform derselben Flächendichte sich ändern würde. Die Zahl der Unterstationen in Richtung der Verbraucherstraßen ist also der Quotient von X nach Gl. (44) zu $\sqrt{X_1}$ für das quadratische Netz, also:

$$\sqrt{X_2} = N_{e_1} \sqrt[3]{\frac{k_{l_{n_J}} \cdot J_F \cdot m^2 n^2 (M + m \cdot n)^2}{16 \cdot M (\Theta \cdot k_{Tr_1} (U_h^2 + \delta_1) + K_{x_{f_J}} + \Theta \cdot k_{Tr_{V_1}})}} \qquad (46)$$

Der Wert M stellt sich nach Definition dar als Quotient von $\sqrt{X_2}$ zu $\sqrt{X_1}$ und wird:

$$M = \sqrt[3]{\frac{m^2 \cdot n^2 (M + m \cdot n)^2}{4\,M}}.$$

Daraus folgt:

$$M = m \cdot n. \qquad (47)$$

Setzt man den Wert M nach Gl. (47) in den Ausdruck (44) für X ein, so ergibt sich

$$X = m \cdot n \cdot N_{e_1}^2 \sqrt[3]{\frac{J_F^2 \cdot k_{l_{n_J}}^2}{16 (\Theta \cdot k_{Tr_1} (U_h^2 + \delta_1) + K_{x_{f_J}} + \Theta \cdot k_{Tr_{V_1}})^2}} \qquad (44\text{a})$$

Da $(m \cdot n\, N_{e_1}^2)$ die gesamte Netzfläche darstellt und der Wurzelwert mit dem für ein quadratisches Netz ermittelten Wert X_0 je km² übereinstimmt, so ist damit bewiesen, daß auch für das rechteckige Netz allein die Flächendichte und nicht die Anordnung der Verbraucher für die wirtschaftliche Zahl von Unterstationen maßgebend ist. Die wirtschaftliche Unterstationszahl X_0 je km² wird also allgemein nach Gl. (26) angenähert:

$$X_0 = \sqrt[3]{\frac{J_F^2 \cdot k_{l_{n_J}}^2}{16 (\Theta \cdot k_{Tr_1} (U_h^2 + \delta_1) + K_{x_{f_J}} + \Theta \cdot k_{Tr_{V_1}})^2}}. \qquad (26)$$

Der genaue Wert für X_0 kann durch Einsetzen des Wertes von Gl. (26) in die folgende Bedingungsgleichung für die wirtschaftliche Unterstationszahl je km² eines rechteckig aufgebauten Netzes ermittelt werden:

$$\begin{aligned} &4 (\sqrt{X_0})^4 (\Theta \cdot k_{Tr_1} (U_h^2 + \delta_1) + K_{x_{f_J}} + \Theta \cdot k_{Tr_{V_1}}) \\ &- (\sqrt{X_0})^3 \cdot L_a \cdot k_{l_{n_J}} \cdot \frac{(1 + n^2)}{2\,n} - (\sqrt{X_0}) \cdot J_F \cdot k_{l_{n_J}} \\ &+ \frac{J_F (k_{l_1} + U_h \cdot k_{l_2}) (m\,n + 1)}{v_{l_h} \cdot N_{e_1} \cdot U_h \cdot m \cdot n} = 0. \end{aligned} \qquad (48)$$

Die den Einfluß der Einzelverbraucherleistung, der Netzgröße und der Hochspannungskabelkosten kennzeichnenden Korrekturglieder zur Errechnung der exakten wirtschaftlichen Unterstationszahl sind nach Gl. (48) auch abhängig von der Netzform. Bei wesentlicher Abweichung von der Quadratform empfiehlt es sich, die Korrekturglieder zu berücksichtigen. Im allgemeinen kann diesen Faktoren auch im rechteckigen Netz ein nur unwesentlicher Einfluß zugesprochen werden.

Die Differentiation von Gl. (42) nach U_h ergibt ähnlich wie für das quadratische Netz eine Formel für die wirtschaftliche Netzgröße N_1 quer zu den Verbraucherstraßen in km in Abhängigkeit der Verteilerhochspannung:

$$N_1 = \frac{v_{l_h} \cdot k_{Tr_{V_2}} \cdot U_h^2}{\frac{(mn+1)}{2} \cdot v_{Tr} \cdot k_{l_{h_1}}} + \frac{v_{l_h} \cdot v_{Tr} \cdot \Theta \cdot k_{l_{n_J}} \cdot k_{Tr_V} \cdot U_h^3 + \sqrt{\begin{array}{l}(v_{l_h} \cdot v_{Tr} \cdot \Theta \cdot k_{l_{n_J}} \cdot k_{Tr_1} \cdot U_h^3)^2 \\ + 2 v_{l_h}^2 \cdot v_{Tr} \cdot \Theta \cdot k_{l_{n_J}} \cdot k_{Tr_1} \cdot k_{Tr_{V_2}} \cdot U_h^5 \cdot Y^2 \\ + \frac{(mn+1)^2}{m \cdot n} v_{Tr}^2 \cdot k_{l_{h_1}}^2 \left[\begin{array}{l}\Theta k_{Tr_1} (U_h^2 + \delta_1) \\ + K_{x_{f_J}} + \Theta \cdot k_{Tr_{V_1}}\end{array}\right]^2 \\ + v_{l_h}^2 \cdot k_{Tr_{V_2}}^2 U_h^4 \cdot Y_2^2\end{array}}}{\frac{(mn+1)}{2} \cdot v_{Tr} \cdot k_{l_{h_1}} \cdot Y_2} \quad \ldots . (49)$$

worin

$$Y_2 = \sqrt[3]{2 J_F \cdot k_{l_{n_J}} \cdot (\Theta \cdot k_{Tr_1} (U_h^2 + \delta_1) + K_{x_{f_J}} + \Theta \cdot k_{Tr_{V_1}})^2}.$$

Die wirtschaftliche Netzgröße N_2 in Richtung der Verbraucherstraßen in km ist

$$N_2 = (m \cdot n \cdot N_1) \text{ km.} \quad \ldots \ldots \ldots (50)$$

Damit ist die wirtschaftliche Netzfläche für eine gegebene Verteilerspannung:

$$F_{\text{u}} = (m \cdot n \cdot N_1^2) \text{ km}^2. \quad \ldots \ldots \ldots \ldots (51)$$

Die Gl. (49) zeigt einen der Gl. (28) ganz entsprechenden Aufbau. Sie enthält nur noch eine Abhängigkeit von den Faktoren m und n.

Für die wirtschaftliche Netzfläche ist nur das Produkt $(m \cdot n)$, also das Verhältnis der beiden Hauptabmessungen des Netzes maßgebend. Es ist ganz gleichgültig, ob diese Verzerrung des Netzes durch eine größere Zahl von Verbrauchern in der einen Richtung oder durch eine Vergrößerung des Abstandes zwischen den Verbrauchern bei derselben Flächendichte herbeigeführt wird. Von den Gliedern unter der Wurzel wird nur das dritte durch die rechteckige Netzform beeinflußt, während der Gesamtwert für N sich mit $\frac{(mn+1)}{2}$ vermindert. Da das dritte Glied bei der Spannung 3 kV eine vorherrschende, bei den Spannungen über 10 kV eine gegenüber den anderen Gliedern praktisch vernachlässigbare Größe darstellt, so ist zu erwarten, daß die rechteckige Netzform bei den niedrigen Verteilerspannungen eine kleine, bei den hohen eine verhältnismäßig stärkere Verringerung der wirtschaftlichen Netzfläche bewirkt. Tatsächlich ergibt die Rechnung, daß sich praktisch unabhängig von der Flächendichte und der Ausführung der Unterstationen die wirtschaftliche Netzfläche in dem in Abb. 14 dargestellten Verhältnis in Abhängigkeit von den Verteilerspannungen und dem Verhältniswert der Seitenlängen des Netzes verringert. Es ist also bei Netzen, deren Längenabmessungen in den beiden Hauptrichtungen nicht übereinstimmen, geboten, eine höhere Verteilerspannung, als die sich bei derselben Netzfläche bei einer quadratischen Anordnung errechnende, zu verwenden. Der Grund hierfür liegt nach den Ausführungen im Anschluß an Gl. (53) darin, daß das Hochspannungsnetz die Mehrlängen gegenüber einem quadratischen Netz übernehmen muß.

Mittels der Gl. (47) für M und (26) für X_0 kann nun auch die Ausgangsgleichung (42) für die gesamten jährlichen Betriebskosten eines rechteckigen Zweispannungsnetzes ohne Abzweigschalter und Hausanschlußleitungen bei wirtschaftlicher Ausführung wie folgt vereinfacht werden:

$$\begin{aligned} & N_{e_1}{}^3 \cdot \frac{k_{l_{h_J}} \cdot J_F}{4\, v_{l_h}} \cdot m \cdot n\,(mn+1) \\ & + N_{e_1}{}^2 \cdot m \cdot n \Bigl[3\, X_0 \bigl(\Theta \cdot k_{Tr_1}(U_h{}^2 + \delta_1) + K_{x_{f_J}} + \Theta \cdot k_{Tr_{V_1}}\bigr) \\ & \quad + \frac{J_F}{v_{Tr}} (k_{Tr_{V_2}} \cdot U_h + k_{Tr_2} + k_{Tr_{V_2}}) \\ & \quad - L_a \cdot k_{l_{n_J}} \cdot \sqrt{X_0} \cdot \frac{(1+n^2)}{4\,n} \Bigr] \\ & - N_{e_1} \cdot \frac{k_{l_{h_J}} \cdot J_F}{4 \cdot v_{l_h} \cdot X_0} (mn+1) + K_{l_{V_f}} \text{ RM./Jahr.} \quad \ldots\ldots \quad (52) \end{aligned}$$

Der Ausdruck für die gesamten Anlagekosten eines rechteckigen Zweispannungsnetzes ohne Abzweigschalter und Hausanschlußleitungen bei wirtschaftlicher Ausführung nimmt folgende Form an:

$$N_{e_1}^3 \cdot \frac{k_{l_h} \cdot J_F}{4\, v_{l_h}} \cdot m \cdot n\,(mn + 1)$$

$$+ N_{e_1}^2 \cdot m \cdot n \left[\frac{k_{l_n}}{2\sqrt{X_0}} \left(J_F - L_a \cdot X_0 \frac{(1 + n^2)}{2\,n} \right) \right.$$

$$\left. + X_0 \left(\Theta \cdot k_{x_1} (U_h^2 + \delta_1) + K_{x_f} \right) + \frac{J_F}{v_{Tr}} \cdot k_{x_2} \right]$$

$$- N_{e_1} \cdot \frac{k_{l_h} \cdot J_F}{4\, v_{l_h} \cdot X_0} \cdot (mn + 1) \text{ RM.} \quad \ldots\ldots\ldots \quad (53)$$

Ein Vergleich der Formeln (52) und (53) mit den entsprechenden, für ein quadratisches Zweispannungsnetz entwickelten Gl. (29) und (30) zeigt, daß die Kosten der Unterstationen und des Niederspannungsnetzes mit Ausnahme des im allgemeinen der Größenordnung nach unwesentlichen Korrekturgliedes für die Einzelverbraucherleistung, bezogen auf dieselbe Netzfläche und Flächendichte, übereinstimmen. Nur die Kosten des Hochspannungskabelnetzes zeigen in den sie betreffenden Kostengliedern eine wesentliche Abhängigkeit von der Netzform. Bei der Auslegung eines Verteilungsnetzes wird man also so vorgehen können, daß man die Zahl der Unterstationen nach Flächendichte und Netzfläche bestimmt und auf diese Weise auch den Aufbau des Niederspannungskabelnetzes festlegt.

Das Hochspannungskabelnetz muß dann die durch eine von einer quadratischen abweichenden Netzform verursachten Leitungsmehrlängen übernehmen.

Die wirtschaftliche Transformatorleistung L_{Tr_w} kVA errechnet sich auch für das rechteckige Netz aus der für das quadratische Zweispannungsnetz entwickelten Formel (31).

c) Rechteckiges Dreispannungsnetz ohne Mittelspannungsverbraucher.

Auch die folgenden für ein rechteckiges Dreispannungsnetz geltenden Beziehungen werden unter der Annahme aufgestellt, daß die gesamte Energie in Niederspannung verbraucht, und die Höhe der Mittelspannung irgendwie gegeben oder bekannt ist.

Es würde zu weit führen, auch für das rechteckige Dreispannungsnetz die Untersuchungen über die Aufteilung der Zahl der Unterstationen nach den beiden Netzhauptrichtungen wiederzugeben, welche für das Zweispannungsnetz zu dem Beweis geführt haben, daß die für das quadratische Netz entwickelte Formel für die wirtschaftliche Zahl von Unterstationen je km² auch für ein rechteckiges Netz gilt. Mathematische Untersuchungen für das Dreispannungsnetz führen, wie zu erwarten ist, zu demselben Ergebnis wie beim Zweispannungsnetz.

Die wirtschaftliche Zahl von Mittelspannungsstationen je km² errechnet sich also auch für das rechteckige Dreispannungsnetz nach der Formel (33). Die Gl. (35) ergibt auch näherungsweise die wirtschaftliche Zahl von Hochspannungsstationen für ein rechteckiges Dreispannungsnetz.

Die genaue Bedingungsgleichung für die wirtschaftliche Zahl von Hochspannungsstationen X_{h_0} je km² nimmt für ein rechteckiges Dreispannungsnetz folgende Form an:

$$\begin{aligned} & 4\,(\sqrt{X_{h_0}})^4\,(\Theta_h \cdot k_{Tr_{h_1}} \cdot (U_h^2 + \delta_{h_1}) + K_{x_{f_{J_h}}} + \Theta_h \cdot k_{Tr_{V_{h_1}}}) \\ & -(\sqrt{X_{h_0}})^3\, \frac{J_F \cdot N_{e_1}^2 \cdot m \cdot n \cdot k_{l_{m_J}}}{v_{l_m} \cdot X_m} \\ & -(\sqrt{X_{h_0}}) \cdot \frac{J_F \cdot k_{l_{m_J}}}{v_{l_m}} \cdot + (m n + 1)\, J_F \cdot \frac{(k_{l_{h_1}} + U_h \cdot k_{l_{h_2}})}{v_{l_h} \cdot N_{e_1} \cdot U_h} = 0. \quad (54) \end{aligned}$$

Die wirtschaftliche Netzgröße N_1 (quer zu den Verbraucherstraßen) in km in Abhängigkeit der Verteilerhochspannung errechnet sich aus der folgenden Gl. (55):

$$N_1 = \frac{v_{l_h} \cdot k_{Tr_{V_{h_2}}} \cdot U_h^2}{\frac{(m \cdot n + 1)}{2} \cdot v_{Tr_h} \cdot k_{l_{h_1}}} + \frac{v_{l_h} \cdot v_{Tr_h} \cdot \Theta_h \cdot \frac{k_{l_{m_J}}}{v_{l_m}} \cdot k_{Tr_{h_1}} \cdot U_h^3 \pm \sqrt{\begin{array}{l} \left(v_{l_h} \cdot v_{Tr_h} \cdot \Theta_h \cdot \frac{k_{l_{m_J}}}{v_{l_m}} \cdot k_{Tr_{h_1}} \cdot U_h^3\right)^2 \\ + 2 \cdot v_{l_h}^2 \cdot v_{Tr} \cdot \Theta_h \cdot \frac{k_{l_{m_J}}}{v_{l_m}} \cdot k_{Tr_{h_1}} \cdot k_{Tr_{V_{h_2}}} \cdot U_h^5 \cdot Y_3 \\ + \frac{(m \cdot n + 1)^2}{m \cdot n} \cdot v_{Tr_h}^2 \cdot k_{l_{h_1}}^2 \cdot \begin{pmatrix} \Theta_h \cdot k_{Tr_{h_1}} \cdot (U_h^2 + \delta_{h_1}) \\ + K_{x_{f_{J_h}}} + \Theta_h \cdot k_{Tr_{V_{h_1}}} \end{pmatrix}^2 \\ + v_{l_h}^2 \cdot k_{Tr_{V_{h_2}}}^2\, U_h^4 \cdot Y_3^2 \end{array}}}{\frac{(m n + 1)}{2} \cdot v_{Tr_h} \cdot k_{l_{h_1}} \cdot Y_3} \quad \ldots (55)$$

worin

$$Y_3 = \sqrt[3]{2\, J_F \cdot \frac{k_{l_{m_J}}}{v_{l_m}} \cdot (\Theta_h \cdot k_{Tr_{h_1}} \cdot (U_h^2 + \delta_{h_1}) + K_{x_{f_{J_h}}} + \Theta_h \cdot k_{Tr_{V_{h_1}}})^2}.$$

Die wirtschaftliche Netzgröße N_2 in Richtung der Verbraucherstraßen in km wird

$$N_2 = (m \cdot n \cdot N_1)\ \text{km} \quad \ldots\ldots\ldots\ldots (56)$$

Die wirtschaftliche Netzfläche für eine gegebene Verteilerhochspannung errechnet sich damit zu

$$F_w = (m \cdot n \cdot N_1^2)\ \text{km}^2 \quad \ldots\ldots\ldots\ldots (57)$$

Die Formeln (55) bis (57) unterscheiden sich im Aufbau nicht von den für das rechteckige Zweispannungsnetz entwickelten, wenn an Stelle von $k_{l_{n_J}}$ der Faktor $\frac{k_{l_{m_J}}}{v_{l_m}}$ gesetzt wird. Die über die wirtschaftliche Netzfläche eines rechteckigen gegenüber einem quadratischen Zweispannungsnetz gemachten Ausführungen gelten auch für ein Dreispannungsnetz.

Die gesamten jährlichen Betriebskosten eines rechteckigen Dreispannungsnetzes ohne Abzweigschalter und Hausanschlußleitungen werden bei wirtschaftlicher Ausführung:

$$
\begin{aligned}
& N_{e_1}^{3} \cdot \frac{k_{l_{h_J}} \cdot J_F}{4\, v_{l_h}} \cdot m \cdot n\,(mn+1) \\
& + N_{e_1}^{2} \cdot m \cdot n \Big[3\, X_{m_0} \big(\Theta_m \cdot k_{Tr_{m_1}} \cdot (U_m^2 + \delta_{m_1}) + K_{x_{f_{J_m}}} + \Theta_m \cdot k_{TrV_{m_1}}\big) \\
& \qquad + 3\, X_{h_0} \big(\Theta_h \cdot k_{Tr_{h_1}} (U_h^2 + \delta_{h_1}) + K_{x_{f_{J_h}}} + \Theta_h \cdot k_{TrV_{h_1}}\big) \\
& \qquad + \frac{J_F}{v_{Tr_m}} \big(k_{TrV_{m_2}} \cdot U_m + k_{Tr_{m_2}} + k_{TrV_{m_3}}\big) \\
& \qquad + \frac{J_F}{v_{Tr_h}} \big(k_{TrV_{h_2}} \cdot U_h + k_{Tr_{h_2}} + k_{TrV_{h_3}}\big) \\
& \qquad - L_a \cdot k_{l_{n_J}} \cdot \sqrt{X_{m_0}} \cdot \frac{(1+n^2)}{4\,n} - \frac{J_F \cdot k_{l_{m_J}} \cdot \sqrt{X_{h_0}}}{2\, v_{l_m} \cdot X_{m_0}} \Big] \\
& - N_{e_1} \cdot \frac{k_{l_{h_J}} \cdot J_F}{4\, v_{l_h} \cdot X_{h_0}} (mn+1) + K_{lV_f} \ \text{RM./Jahr.} \quad \text{(58)}
\end{aligned}
$$

Die gesamten Anlagekosten eines rechteckigen Dreispannungsnetzes ohne Abzweigschalter und Hausanschlußleitungen werden bei wirtschaftlicher Ausführung:

$$
\begin{aligned}
& N_{e_1}^{3} \cdot \frac{k_{l_h} \cdot J_F}{4\, v_{l_h}} \cdot m \cdot n\,(mn+1) \\
& + N_{e_1}^{2} \cdot m \cdot n \Big[\frac{k_{l_n}}{2\sqrt{X_{m_0}}} \Big(J_F - L_a \cdot X_{m_0} \frac{(1+n^2)}{2n}\Big) \\
& \qquad + \frac{k_{l_m} J_F}{2\, v_{l_m} \cdot X_{m_0} \cdot \sqrt{X_{h_0}}} (X_{m_0} - X_{h_0}) \\
& \qquad + X_{m_0} \big(\Theta_m \cdot k_{x_{m_1}} \cdot (U_m^2 + \delta_{m_1}) + K_{x_{f_m}}\big) \\
& \qquad + X_{h_0} \big(\Theta_h \cdot k_{x_{h_1}} \cdot (U_h^2 + \delta_{h_1}) + K_{x_{f_h}}\big) \\
& \qquad\qquad + J_F \Big(\frac{k_{x_{m_2}}}{v_{Tr_m}} + \frac{k_{x_{h_2}}}{v_{Tr_h}}\Big) \Big] \\
& - N_{e_1} \cdot \frac{k_{l_h} \cdot J_F}{4\, v_{l_h} \cdot X_{h_0}} (mn+1) \ \text{RM.} \quad \text{(59)}
\end{aligned}
$$

An Hand der Gl. (58) und (59) kann man die bemerkenswerte Feststellung machen, daß die Anlage- und Betriebskosten der Mittel- und Hochspannungsstationen, des Mittelspannungskabelnetzes und auch des Niederspannungskabelnetzes mit Ausnahme des der Größenordnung nach unwesentlichen Korrekturgliedes für die Einzelverbraucherleistung von der Netzform nicht beeinflußt werden. Wieder wie bei der Zweispannungsverteilung ist nur das Hochspannungskabelnetz in seinen Kostenwerten von der Netzform abhängig. Bei der Überlagerung einer beliebigen Anzahl von Netzen verschiedener Spannung ist es also zweckmäßig, bei der Aufteilung des Netzes von der Niederspannungsseite auszugehen, zunächst die Zahl der Mittelspannungsstationen aus Flächendichte und Netzfläche, weiter darauf aufbauend in derselben Weise immer die Zahl der Stationen der nächsthöheren überlagerten Spannung zu bestimmen, so daß das Netz mit der höchsten Spannung die bei einer von einer quadratischen abweichenden Netzform gegebenen Leitungsmehrlängen übernimmt.

Die wirtschaftliche Transformatorleistung L_{Tr_w} kVA errechnet sich wie für das Zweispannungsnetz nach der Formel (31), indem, je nachdem es sich um Hochspannungs- und Mittelspannungsstationen handelt, die entsprechende spezifische Unterstationszahl eingesetzt wird.

D. Wirtschaftliche Energieverteilung in Städten mit quadratischen Gebäudeblocks.

Nachdem in den vorhergehenden Kapiteln die wirtschaftliche Energieverteilung bei einer quadratischen und rechteckigen Anordnung von Verbrauchern untersucht wurde, welche an unter sich sämtlich parallelen Straßen liegen, soll im folgenden der hauptsächlich in städtischen Verteilungsnetzen vorkommende Fall behandelt werden, daß die Verbraucher rund um Gebäudeblocks angeordnet sind. Bei solchen Gebäudeblocks ist im allgemeinen mit einer größeren Entfernung der benachbarten Straßen zu rechnen, z. B. von 100 bis 200 m und mehr. Die Flächendichte J_F der maximalen Energieaufnahme im Niederspannungsnetz ist ganz verschieden, je nachdem es sich um weitauseinandergezogene Gartensiedlungen, um ärmere oder bessere Stadtteile oder um Geschäftsgegenden handelt.

O. Burger[1]) hat 3 typische Fälle unterschieden:

Fall I: Haus in ärmeren Stadtteilen:
Summe der gleichzeitigen Spitzenlast je Haus 13 kW
Flächendichte der Energie etwa 15000 kVA/km²

[1]) Burger, »Stromverteilung in Großstädten durch Hoch- und Niederspannungsnetze«. ETZ 1929, S. 73/75.

Fall II: Haus in besserer Stadtgegend mit etwas Geschäftsbetrieb:
Summe der gleichzeitigen Spitzenlast je Haus 34 kW
Flächendichte der Energie etwa 40000 kVA/km²
Fall III: Cityhochhäuser:
Summe der gleichzeitigen Spitzenlast je Haus 102 kW
Flächendichte der Energie etwa 110000 kVA/km².

Dabei sollten die einzelnen Blocks je 200 × 200 m Grundfläche bedecken unter Einrechnung der anteiligen Straßenfläche.

Gartensiedlungen werden noch kleinere Flächendichten der Energie haben, so daß also ein Bereich von etwa 1000 bis 100000 kVA/km² betrachtet werden muß.

Es wird, besonders bei kleinen Flächendichten nicht zweckmäßig sein, jedes einzelne Haus direkt an die Niederspannungsverteilerleitungen anzuschließen. Man wird vielmehr, um weniger Abzweigmuffen zu bekommen, von einzelnen Abzweigpunkten P nach Häusergruppen speisen, innerhalb derer mit leicht umgänglichen Leitungsquerschnitten, beispielsweise von 10 bis 50 mm² und Leitungsarten, die ein einfaches Abzweigen in nicht zu vergießenden Verteilerkasten erlauben, verteilt wird. Die Leitungen von diesen Hauptabzweigpunkten nach den einzelnen Häusern und Verbrauchern brauchen in unserer jetzigen Betrachtung nicht berücksichtigt zu werden, da ihre Kosten von der Zahl der Unterstationen unabhängig sind.

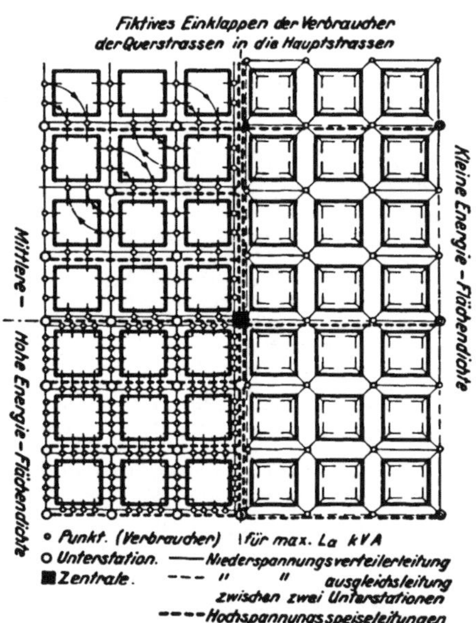

Abb. 6. Schema der Energieverteilung in städtischen Gebäudeblocks.

Je nach der Flächendichte muß man sich eine größere oder kleinere Zahl solcher Hauptanschlußpunkte um die Gebäudeblocks verteilt denken, die im folgenden die in den früheren Untersuchungen den Einzelverbrauchern zukommende Bedeutung haben (Abb. 6).

In Verteilungsnetzen mit einer kleineren Flächendichte J_F als etwa 4000 kVA pro km² genügen auch bei vermaschten Netzen die durch ihre natürliche Lage bevorzugten Blockeckpunkte als Hauptabzweigpunkte P, von denen aus ähnlich, wie in Abb. 6, rechte Hälfte, nach den anschließenden Gebäudeblockvierteln verteilt wird. Für diesen

Fall liegen also die Einzelverbraucher wieder in quadratischer Anordnung in unter sich parallelen Straßen, so daß die wirtschaftlichen Größen nach den in den vorhergehenden Kapiteln entwickelten Formeln bestimmt werden können. Wenn es sich um die Errechnung der Anlage- oder Betriebskosten des Netzes handelt, ist zu beachten, daß die Leitungen von den Hauptanschlußpunkten nach den einzelnen Häusern in den Formeln nicht berücksichtigt sind.

Bei größeren Flächendichten muß die Zahl der Hauptanschlußpunkte P größer angenommen werden. Im Fall II ($J_F = 40000$ kVA pro km²) beträgt z. B. die maximale Leistungsaufnahme je Block 1400 kVA entsprechend 2150 A bei Drehstrom von 380 V. Die Hauptanschlußpunkte zweier gegenüberliegender Blockseiten wird man sich in der Mitte der Straße vereinigt denken. Man erhält also z. B. im Fall II auf je 2 gegenüberliegende Blockseiten $P = 8$ Hauptanschlußpunkte mit je $L_a = 100$ kVA maximaler Leistungsaufnahme. Die Unterstationen wird man nach Möglichkeit in die Blockeckpunkte verlegen, und zwar je nach Flächendichte, Stationsausführung und Spannung zunächst reihenweise gegeneinander versetzt (links oben in Abb. 6), oder so daß sämtliche Blockeckpunkte durch Unterstationen besetzt sind (links unten in Abb. 6).

Solange die Zahl der Unterstationen nicht größer wird als die Zahl der Blockeckpunkte, ergeben sich keine Mehrkosten für das Niederspannungskabelnetz, wenn man sich alle Kabelstrecken zu Verbrauchern in den Querstraßen in die Hauptstraßen eingeklappt denkt. Entsprechende Hauptanschlußpunkte fallen dann wieder zusammen. Es ergibt sich also einfach das Bild einer rechteckigen Netzanordnung, worin n kleiner als 1 ist, und durch die Zahl der Hauptanschlußpunkte P je Straßenseite bestimmt wird. Es wird $n = \frac{1}{P}$ und bei einer quadratischen Begrenzung des Gesamtnetzes $m = P$. Da für ein rechteckig gebautes Netz dieselbe Gleichung für die wirtschaftliche Unterstationszahl gilt, wie für ein quadratisches, ist durch diese Überlegung bewiesen, daß die wirtschaftliche Unterstationszahl auch für Verteilungen in städtischen Gebäudeblocks — nunmehr bis zu mittleren Flächendichten, in denen die Zahl der Stationen nicht größer als die Zahl der Blockeckpunkte wird — angenähert aus der Flächendichte berechnet werden kann.

Für sehr hohe Flächendichten, z. B. für Fall III (110000 kVA/km²) ergeben sich rechnungsmäßig teilweise mehr Unterstationen als Blockeckpunkte vorhanden sind. Die Unterstationen müssen also auch noch auf die Blockseiten aufgeteilt werden.

Je nach der Lage der Stationen werden nunmehr die Kosten der Hausanschlußleitungen verschieden werden. Vielfach werden sogar die Hauptanschlüsse in Rückgebäuden angenommen werden müssen, wohin man dann zweckmäßig auch die Stationen verlegt. Bezüglich des Netzbilds bedeutet dies eine Abweichung von der Voraussetzung, daß die Hauptanschlüsse in Straßenmitte liegen, und daß hier auch die Kabeltrassen anzunehmen sind. Bei sehr großen Flächendichten muß man also mehr Reihen von »Verbraucherpunkten« annehmen, als Straßen vorhanden sind. Es wird nun ein Leichtes sein, auch diese Verbraucherpunkte nach quadratischen oder rechteckigen Netzschemen zu unterteilen.

Es ist also im Prinzip für alle in städtischen Verteilungen in Frage kommenden Flächendichten möglich, die Berechnungsmethoden für quadratische oder rechteckige Verteilungen anzuwenden. Teilweise wird es zweckmäßig sein, die Tatsache bei der Errechnung der wirtschaftlichen Unterstationszahl zu berücksichtigen, daß ein gewisser Teil der Hauptanschlußpunkte mit Unterstationen zusammenfällt, so daß für die Niederspannungsverteilung eine kleinere als die tatsächliche Flächendichte der Energie in Frage kommt. Wenn man bei der Berechnung der Anlage- und Betriebskosten zunächst die von den Unterstationen direkt gespeisten Verbraucherleistungen L_a unberücksichtigt läßt und nur mit der Flächendichte rechnet, so bekommt man etwas zu hohe Werte gegenüber der praktischen Ausführung. Die Abweichungen werden jedoch im allgemeinen, bezogen auf das Gesamtnetz, unbedeutend sein, so daß man für überschlägige Rechnungen ohne weiteres auch bei sehr hoch belegten Netzteilen nur mit den Flächendichten der maximalen Energieentnahmen rechnen kann.

E. Maximaler Spannungsabfall im Niederspannungsnetz bei wirtschaftlicher Netzausführung.

Nach den allgemeinen Ausführungen auf S. 28 ist nunmehr der Nachweis zu führen, ob und unter welchen Voraussetzungen sich bei wirtschaftlicher Netzausführung Spannungsabfälle im Niederspannungsnetz ergeben, welche innerhalb der praktisch zulässigen Grenze von 5% liegen.

Der Punkt maximalen Spannungsabfalls hat, abgesehen von dem in den Hausanschluß- und Bauverteilerleitungen entstehenden Spannungsabfall, von den Unterstationen einen Abstand gleich einem Viertel des Umfanges des von einer Unterstation gespeisten Versorgungsgebietes. Dieser Umfang ist bei derselben Flächendichte für ein quadratisches und ein rechteckiges Netz gleich, so daß man bei Verwendung einheitlicher Kabelquerschnitte, also konstanter zulässiger Stromdichte, folgende, sowohl für ein quadratisches als auch für ein rechteckiges Netz geltende Formel für den maximalen Spannungsabfall zwischen 2 Phasen im Niederspannungsnetz ableiten kann:

$$u = 1730 \cdot \frac{r_s \cdot j_{zul}}{r_{l_2} \cdot \sqrt{X_0}} \text{ Volt} \quad \dots\dots\dots \quad (60)$$

und für den **maximalen Spannungsabfall in Prozenten der Nennspannung**:

$$u\,\%_0 = \frac{173 \cdot r_s \cdot j_{zul}}{r_{l_2} \cdot U_n \cdot \sqrt{X_0}}\,\%_0. \quad \ldots\ldots\ldots\ldots \quad (60\,\mathrm{a})$$

Die einzelnen Faktoren haben die in den früheren Abschnitten eingeführte und nach der Zusammenstellung der gewählten Bezeichnungen und Formelausdrücke gekennzeichnete Bedeutung. (Näheres über j_{zul} und r_{l_2} s. Kapitel III C.)

Bei Dreispannungsnetzen ist für X_0 die wirtschaftliche Zahl von Mittelspannungsstationen je km² einzusetzen.

Nach Gl. (60a) wird der maximale Spannungsabfall im Niederspannungsnetz in Prozenten der Nennspannung mit der Wurzel aus der wirtschaftlichen Unterstationszahl und proportional dem Kabelreservefaktor r_{l_2} kleiner. Er erhöht sich mit der zulässigen Stromdichte, d. h. mit der Verkleinerung des Kabelquerschnitts. Die wirtschaftliche Unterstationszahl erhöht sich bekanntlich nach der $^2/_3$-Potenz mit der Flächendichte J_F und mit den spezifischen Kosten der Niederspannungskabel und wird im gleichen Verhältnis mit den leistungsunabhängigen Kosten einer Unterstation kleiner, die hauptsächlich von der Verteilerhochspannung abhängen. Es werden sich also die ungünstigsten Spannungsabfälle in ausgedehnten Zweispannungsnetzen mit hoher Oberspannung, beispielsweise von 30 kV und kleinen Energieflächendichten ergeben. Die leistungsunabhängigen Kosten einer Unterstation werden am kleinsten, wenn nur je ein Transformator je Unterstation angeordnet wird, der entweder direkt oder über Hochspannungssicherungen an das Hochspannungsnetz angeschlossen wird. In vermaschten Netzen werden sich also über die günstigere Stromverteilung hinaus niedrige Spannungsabfälle ergeben.

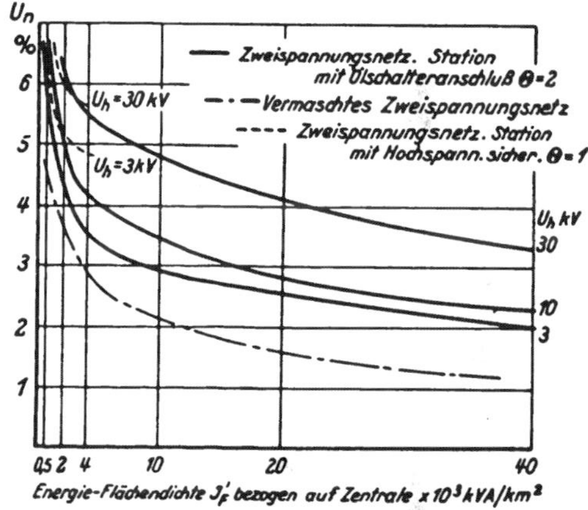

Abb. 7. Maximaler proz. Spannungsabfall in einem 220 V-Niederspannungsnetz bei wirtschaftlicher Unterstationszahl in Abhängigkeit der Energieflächendichte J_F'.

Zur Veranschaulichung der durch die Gl. (60) und (60a) gegebenen verschiedenen Beeinflussungen des maximalen Spannungsabfalls im Niederspannungsnetz wurde dieser in Abb. 7 für 220 V in Abhängigkeit von der Energieflächendichte J_F', bezogen auf die Zentrale und in Abb. 8

für 380 V in Abhängigkeit von der Verteilerhochspannung eines Zweispannungsnetzes aufgetragen.

Die wirtschaftliche Unterstationszahl wurde für $h_{V_s} = 2000$ und für Kabelverlegung in Schotter- oder Pflasterstraße bestimmt (Kapitel IX A). Aus Abb. 7 ergibt sich die bemerkenswerte Tatsache, daß bei kleinen Flächendichten unter etwa 2000 kVA/km², bezogen auf die Zentrale bei einem Verschiedenheitsfaktor $v_z = 2$, trotz der höheren Unterstationszahl bei einem Anschluß der Transformatoren über Hochspannungssicherungen der Spannungsabfall im Niederspannungsnetz höher werden kann als bei Anschluß der Transformatoren über Ölschalter. Die Begründung hierfür liegt darin, daß bei kleinen Energieflächendichten und kleinem Stationsbereich, die von einem Transformator ausgehenden Niederspannungsleistungen und demnach auch die Leitungsquerschnitte sehr klein werden. Mit Verkleinerung des Leitungsquerschnittes unter 25 bis 35 mm² ergibt sich eine große Steigerung der zulässigen Stromdichte j_{zul}, welche durch die Erhöhung der Unterstationszahl nicht mehr ausgeglichen wird.

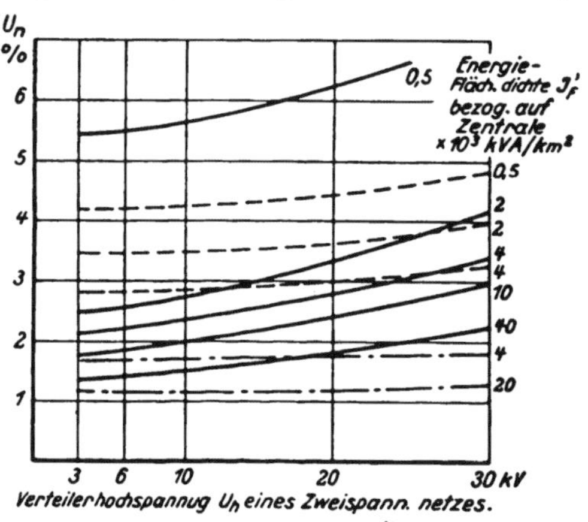

Abb. 8. Maximaler proz. Spannungsabfall in einem 380 V-Niederspannungsnetz bei wirtschaftlicher Unterstationszahl in Abhängigkeit der Verteilerhochspannung eines Zweispannungsnetzes.

Abgesehen von dieser Merkwürdigkeit zeigt Abb. 7 eine starke Verringerung des Spannungsabfalls mit vergrößerter Flächendichte. Bei Ölschalteranschluß ergeben sich wesentliche Unterschiede bei verschiedenen Verteilerhochspannungen. Es kann deshalb mit Rücksicht auf den Spannungsabfall zweckmäßig sein, eine Zweispannungs- an Stelle einer Dreispannungsverteilung für kleinere Flächendichten als etwa 10000 kVA/km² zu wählen. Bei vermaschten 220-V-Netzen ergeben sich allgemein kleinere maximale Spannungsabfälle als 5% bei wirtschaftlicher Netzausführung.

Die Abb. 8 bezieht sich auf 380 V. In ihr sind die wirtschaftlichen Unterstationszahlen nach Abb. 10 berücksichtigt. Mit Ausnahme der Flächendichte $J_F' = 500$ kVA/km² und 2 Betriebstransformatoren je Station mit Ölschalteranschluß wird der zulässige Spannungsabfall von 5% nicht mehr überschritten. Bei größeren Flächendichten ergeben sich sogar außerordentlich niedrige Werte, die eine einwandfreie Spannungshaltung auch bei Belastung des Netzes mit Kurzschlußläufermotoren großer Leistung erlauben.

Die Ausschaltung des maximalen Spannungsabfalls im Niederspannungsnetz aus der Wirtschaftlichkeitsrechnung ist also für die weitaus meisten Kabelnetze gerechtfertigt. Die neue Rechnungsmethode ist auch für 110- und 220-V-Netze anwendbar, in denen sich bei schematischer Anwendung gegebener Konstanten unzulässig hohe Spannungsabfälle ergeben würden. In solchen Fällen ist es notwendig, das richtige Verhältnis zwischen Kabelreservefaktor r_{l_2}, zulässiger Stromdichte und Unterstationszahl herzustellen, um den Spannungsabfall in den richtigen Grenzen zu halten. Welches dieser obengenannten Mittel das jeweils richtige ist, kann durch Nachprüfung seines Einflusses auf die jährlichen Betriebskosten beurteilt werden.

VI. Beeinflussung der wirtschaftlichen Größen einer Energieverteilung durch gegenüber Kapitel V geänderte Voraussetzungen.

In dem vorhergehenden Kapitel V mußten für eine mathematische Behandlung einer flächenhaften Energieverteilung verschiedene Voraussetzungen gemacht werden, welche teilweise in der Praxis nicht immer eingehalten werden.

Es wird z. B. die Zentrale meist nicht in Anlagenmitte liegen, die Energieflächendichte wird in Teilen des Versorgungsgebietes verschieden sein. Manchmal wird die Energieverteilung durch Hochspannungsverbraucher im Netz beeinflußt. Oft muß auch von den rechnerisch ermittelten Werten in der Praxis abgewichen werden, z. B. hinsichtlich der wirtschaftlichsten Spannungen, wenn sie nicht mit einer normalisierten Spannung übereinstimmen. In solchen Fällen hat man dann die Wahl, den nächsthöheren oder nächstniedrigeren Wert zu wählen. Die Entscheidung wird erleichtert, wenn der Einfluß auf die Anlage- und Betriebskosten bekannt ist. Ähnliche Fragen entstehen in der Praxis hinsichtlich der wirtschaftlichen Unterstationszahl.

Diese Probleme werden in den folgenden Abschnitten näher untersucht.

A. Verschiebung der Zentrale aus Anlagenmitte.

Im Kapitel V war angenommen worden, daß sich die Zentrale, von der die Energieverteilung ausgeht, in der Mitte des Netzes befindet. Es wird nun häufig vorkommen, daß die Zentrale gegen die Netzmitte verschoben ist. Bei Fremdspeisung einer großen Industrieanlage wird sich sogar häufig der Ausgangspunkt der Energieverteilung am Rande der Anlage befinden. Wenn die Zentrale weit von dem zu versorgenden Netz entfernt ist, wird die Energieübertragung von der Zentrale zur Anlage zunächst nach den für einfache Energieübertragungen geltenden Grundsätzen zu lösen sein (Kapitel IV). Getrennt davon wird die günstigste Ausführung des Netzes ermittelt werden, und erst dann wird man versuchen, die Kombination beider Aufgaben so zweckmäßig als möglich zu lösen.

Bei einer Verlagerung des Ausgangspunktes der Energieverteilung werden zunächst nur die Hochspannungsleitungen zu den einzelnen Unterstationen betroffen. Diese beeinflussen aber nach den Ergebnissen von Kapitel V nur mittelbar über die Verteilerspannung die wirtschaftliche Unterstationszahl. Die Formel (26) für die wirtschaftliche Unterstationszahl je km^2 bleibt also auch bei einer Verlagerung der Zentrale aus Anlagenmitte dieselbe.

Bei den großen Sprüngen der Spannungsreihe werden kleine Verlagerungen der Zentrale keine Änderungen in den Verteilerspannungen bewirken.

Am einfachsten wird der Einfluß einer Verschiebung der Zentrale aus Anlagenmitte auf die günstigsten Verteilerspannungen nachgeprüft, indem man sie an den Rand der Anlage verschoben denkt. Man kann sich dann die Anlage zu der betreffenden Netzgrenze spiegelbildlich zu einem solchen Netz erweitert denken, daß die Zentrale wieder in Anlagenmitte liegt. Damit können auf dieses fiktive Netz die im Kapitel V C für ein rechteckig aufgebautes Netz entwickelten Formeln angewandt werden. Wenn z. B. die Zentrale am Rand der Anlage, aber im Schnittpunkt der einen Netzachse liegt, wird $m = 2$ zu setzen sein. Der sich aus Formel (49) ergebende Wert für N_1 stellt dann die wirtschaftliche Netzgröße bei an den Rand der Anlage verschobener Zentrale dar.

Wenn die Zentrale beispielsweise in einer Ecke eines quadratischen Netzes liegt, wird das Netz zweckmäßig fiktiv vervierfacht, d. h. $N_e = 2$ gesetzt und für diese Netzgröße die wirtschaftliche Spannung bestimmt.

Bei der Errechnung der Anlage- und Betriebskosten ist zu beachten, daß durch eine Verschiebung der Zentrale aus Anlagenmitte sowohl bei der Zweispannungs- als auch bei der Dreispannungsverteilung jeweils nur die Hochspannungskabelkosten erhöht werden. Bei einer Verlagerung der Zentrale an den Rand des Netzes in den Schnittpunkt der Netzachse werden die Anlage- und Betriebskosten des Hochspannungskabelnetzes um 50%, bei einer Verlagerung in eine Ecke eines quadratischen Netzes um 100% gegenüber der Anordnung der Zentrale in Anlagenmitte vergrößert. Auf diese Weise sind die Grenzwerte für alle wirtschaftlichen Größen bekannt, und es ist leicht, irgendwelche Zwischenwerte für kleinere Verschiebungen der Zentrale aus Anlagenmitte zu bestimmen.

B. Veränderliche Energiedichte.

Sowohl die wirtschaftliche Unterstationszahl und die wirtschaftliche Netzgröße bei gegebener Spannung als auch die Anlage- und Betriebskosten haben sich als weitgehend unabhängig von der Einzelverbraucherleistung und der Netzform herausgestellt. Bei der rechteckigen Anordnung der Verbraucher können sich schon in den beiden Hauptrichtungen des Netzes verschiedene Flächendichten ergeben, ohne daß dies einen Einfluß auf die wirtschaftlichen Größen gehabt hätte. Man wird also sagen können, daß kleine Änderungen der Flächendichte auf die wirtschaftlichen Größen keinen Einfluß haben, daß vielmehr die Berücksichtigung eines Durchschnittswertes im allgemeinen genügt.

Wenn erhebliche Unterschiede in der Flächendichte der Energie bestehen, wenn z. B. unbebaute Gebiete, Gartensiedlungen, Lagerplätze, mit Gebieten hohen Verbrauchs abwechseln, so ist es notwendig, Teilgebiete annähernd gleicher Flächendichte abzutrennen, und für diese aus wirtschaftlicher Unterstationszahl je km² und Fläche die günstigste Zahl von Unterstationen zu bestimmen. Dabei ist es ganz gleichgültig, welche Umgrenzung die so abgetrennten Gebiete besitzen.

Für die Ermittlung der wirtschaftlichen Verteilerspannung wird bei den großen Sprüngen der Spannungsreihe die Rechnung mit einer mittleren Flächendichte im allgemeinen genügen.

Die Anlage- und Betriebskosten des Nieder- oder eines eventuell vorhandenen Mittelspannungsnetzes und der Unterstationen errechnen sich als Summe der Kosten der Einzelgebiete. Dies wird z. B. bei der Errechnung der Betriebskosten dadurch erleichtert, daß das Produkt $(X_0 \cdot N_e^2)$ einfach die Gesamtzahl der Unterstationen darstellt. Die Anlage- und Betriebskosten des Hochspannungskabelnetzes errechnen sich allgemein durch Einsetzen einer mittleren Flächendichte und der effektiven Netzgröße, da sie von der Unterstationszahl kaum beeinflußt werden.

C. Vorhandensein von Hochspannungsverbrauchern.

In der öffentlichen Elektrizitätswirtschaft werden vielfach Abnehmer als Hochspannungsverbraucher bezeichnet, die einen genügend großen Strombedarf haben, um die Erstellung einer eigenen Transformatorstation zu rechtfertigen. Wenn solche Abnehmer keine eigene Hochspannungsverteilung betreiben, an deren Spannungshöhe mit Rücksicht auf einzelne Energieverbraucher im eigenen Netz, z. B. Motoren größerer Leistung, besondere Anforderungen erhoben werden, so stellen sie im Sinne einer Netzberechnung auf Wirtschaftlichkeit keine Abnehmergattung dar, die wesentlich anders behandelt werden muß als Niederspannungsverbraucher. Sofern jedoch an ein öffentliches Netz Industrieanlagen angeschlossen sind, oder wenn es sich überhaupt um die Planung einer Kabelverteilung eines großen Industrieunternehmens handelt, muß vielfach auf Stromverbraucher Rücksicht genommen werden, für deren wirtschaftlichen Betrieb sich nur eine bestimmte Mittelspannung von beispielsweise 3 oder 6 kV eignet. Erfahrungsgemäß nehmen in dieser im folgenden allein als Hochspannungsverbraucher bezeichneten Stromverbrauchergattung Motoren großer Leistung die erste Stelle ein. Der Einfluß, insbesondere der Spannungswahl, auf die Kosten solcher Energieverbraucher wird in dem späteren Kapitel VIII ausführlich behandelt.

Das Vorhandensein solcher Hochspannungsverbraucher kann z. B. in industriellen Netzen zur Wahl einer Mittelspannung von 3 oder 6 kV als Verteilerhochspannung führen, obwohl der Netzgröße und der Flächendichte nach eine höhere Spannung für die allgemeine Energieverteilung wirtschaftlicher sein würde. In besonderen Fällen können sie der Anlaß zur Anwendung einer Dreispannungsverteilung sein.

Die folgenden Ausführungen setzen voraus, daß die Hochspannungsverbraucher entweder mit der Verteilerhochspannung einer Zweispannungsverteilung oder der Verteilermittelspannung einer Dreispannungsverteilung gespeist werden. Oft, besonders bei einem isolierten Auftreten solcher Hochspannungsverbraucher im Netz, wird man allerdings auf sie in der Planung des allgemeinen Netzes keine Rücksicht nehmen, sondern sie besonders behandeln.

Wenn die Hochspannungsverbraucher mit einer ähnlichen Regelmäßigkeit verteilt sind, wie man es für die Niederspannungsverbraucher im allgemeinen voraussetzen kann, so kann dem auch mathematisch in Form von Gleichungen Rechnung getragen werden. Im allgemeinen neigen die Hochspannungsverbraucher jedoch zu einer gewissen Zusammenballung in einzelnen Betrieben. In seltenen Fällen wird das Vorhandensein solcher Hochspannungs-Verbrauchszentren zu der Festsetzung einer Transformatorstation an diesen Stellen führen. Meist wird jedoch wohl wegen der wesentlich höheren Verteilerkosten für Niederspannungsenergie die Lage der Unterstationen durch die Niederspannungsverbraucher bestimmt und die Hochspannungsverbraucher von diesen Stationen abgezweigt. Die einer Unterstation für die Niederspannungsverbraucher zuzuführende Hochspannungsenergie wird durch die angeschlossenen Hochspannungsverbraucher in einem bestimmten Verhältnis c_{h_0} erhöht. In den folgenden Untersuchungen wird angenommen, daß dieser Faktor c_{h_0} für alle Unterstationen gleich groß ist. Da die Längen der Hochspannungsabzweigleitungen keiner Regelmäßigkeit unterworfen sind, sollen sie ebenso wie die Abzweigzellen zu den Hochspannungsverbrauchern hier unberücksichtigt bleiben. Sie gehören beide zu dem im Kapitel VIII behandelten Einflußbereich der Verbraucher auf die Energieverteilung.

In einigen dem Verfasser bekannten industriellen Kabelnetzen ist die in Hochspannung verbrauchte Energie teils so groß wie die in Niederspannung verbrauchte, also $c_{h_0} = 2$, teils dreimal so groß wie die in Niederspannung verbrauchte, also $c_{h_0} = 4$.

Um den Zusammenhang mit den in Kapitel V entwickelten Formeln deutlich zu machen, soll sich die Flächendichte J_F nur auf die Niederspannungsverbraucher beziehen, so daß die insgesamt je km² zu verteilende Energie $\frac{c_{h_0} \cdot J_F}{v_{ges}}$ beträgt, mit v_{ges} als Verschiedenheitsfaktor.

Voraussetzungsgemäß wird die wirtschaftliche Unterstationszahl je km² für eine Zweispannungsverteilung bzw. die Zahl der Mittelspannungsstationen einer Dreispannungsverteilung nur mit Rücksicht auf die Niederspannungsverbraucher, also nach den Formeln (26) bzw. (33) errechnet. Bezogen auf die Hochspannungsstationen einer Dreispannungsverteilung wirken sich die an die Mittelspannungsstationen angeschlossenen Hochspannungsverbraucher einfach als Erhöhung der Flächendichte um c_{h_0} aus, so daß sich die wirtschaftliche Zahl von Hochspannungsstationen einer Dreispannungsverteilung mit Hochspannungsverbrauchern je km² in Erweiterung von Formel (35) wie folgt berechnet:

$$X_{h_0} = \sqrt[3]{\frac{{c_{h_0}}^2 \cdot J_F^2 \cdot {k_{l_{m_J}}}^2}{16 \cdot {v_{l_m}}^2 \left(\Theta_h \cdot k_{Tr_{h_1}} (U_h^2 + \delta_{h_1}) + K_{x_{f_{J_h}}} + \Theta_h \cdot k_{Tr V_{h_1}}\right)^2}} \quad . \quad . \quad (61)$$

Bei der Zweispannungsverteilung ändern sich voraussetzungsgemäß die von der Zentrale zu den einzelnen Unterstationen zu übertragenden Hochspannungsleistungen mit dem Faktor c_{h_0}. Dementsprechend werden bei allen im Kapitel V ermittelten Ausdrücken für die wirtschaftliche Netzgröße, die Anlagekosten und die gesamten jährlichen Betriebskosten bei Vorhandensein von Hochspannungsverbrauchern an Stelle der Faktoren $k_{l_{h_1}}$, k_{l_h} bzw. $k_{l_{h_J}}$ die Faktoren

$$\left(c_{h_0} \cdot k_{l_{h_1}}\right),\ \left(c_{h_0} \cdot k_{l_h}\right) \text{ bzw. } \left(c_{h_0} \cdot k_{l_{h_J}}\right)$$

einzusetzen sein.

Bei der Dreispannungsverteilung ändern sich voraussetzungsgemäß die von der Zentrale zu den Hochspannungsstationen und von den Hochspannungsstationen zu den Mittelspannungsstationen zu übertragenden, außerdem die in den Hochspannungsstationen zu transformierenden Leistungen mit dem Faktor c_{h_0}.

In den Formeln (36) und (55) für die wirtschaftliche Netzgröße zu einer gegebenen Verteilerhochspannung eines Dreispannungsnetzes ist bei Vorhandensein von Hochspannungsverbrauchern an Stelle von J_F der Faktor $(c_{h_0} \cdot J_F)$ — welcher nur in dem Ausdruck Y_3 erscheint — einzusetzen.

In den Formeln (37) und (38) bzw. (58) und (59) für die jährlichen Betriebs- bzw. Anlagekosten einer Dreispannungsverteilung ist nach obigen Ausführungen die Zahl der zu ändernden Faktoren eine größere, so daß zur Veranschaulichung die Ausdrücke für die gesamten jährlichen Betriebskosten sowie die Anlagekosten einer rechteckigen Dreispannungsverteilung mit an den Mittelspannungsstationen angeschlossenen Hochspannungsverbrauchern hier wiedergegeben werden sollen. Auf die Wiederholung der übrigen, oben angeführten mathematischen Gleichungen darf im Interesse der Kürze der Darstellung verzichtet werden.

Die gesamten jährlichen Betriebskosten eines rechteckigen Dreispannungsnetzes bei Zentrale in Anlagenmitte mit an die Mittelspannungsstationen angeschlossenen Hochspannungsverbrauchern, ohne Niederspannungshausanschluß- und Mittelspannungsabzweigleitungen zu den Hochspannungsverbrauchern sowie ohne Nieder- und Mittelspannungsabzweigzellen können bei wirtschaftlicher Ausführung durch folgende Formel errechnet werden:

$$
\begin{aligned}
& N_{e_1}{}^3 \cdot \frac{k_{l_{h_J}} \cdot c_{h_0} \cdot J_F}{4 \cdot v_{l_h}} \cdot m \cdot n \cdot (m \cdot n + 1) \\
& + N_{e_1}{}^2 \cdot m \cdot n \Big[3\, X_{m_0} \left(\Theta_m \cdot k_{Tr_{m_1}} (U_m{}^2 + \delta_{m_1}) + K_{x_{f_{J_m}}} + \Theta_m \cdot k_{TrV_{m_1}}\right) \\
& \qquad + 3\, X_{h_0} \left(\Theta_h \cdot k_{Tr_{h_1}} (U_h{}^2 + \delta_{h_1}) + K_{x_{f_{J_h}}} + \Theta_h \cdot k_{TrV_{h_1}}\right) \\
& \qquad + \frac{J_F}{v_{Tr_m}} \left(k_{TrV_{m_2}} \cdot U_m + k_{Tr_{m_2}} + k_{TrV_{m_3}}\right) \\
& \qquad + \frac{c_{h_0} \cdot J_F}{v_{Tr_h}} \left(k_{TrV_{h_2}} \cdot U_h + k_{Tr_{h_2}} + k_{TrV_{h_3}}\right) \\
& \qquad - L_a \cdot k_{l_{n_J}} \cdot \sqrt{X_{m_0}} \cdot \frac{(1 + n^2)}{4\, n} - \frac{c_{h_0} \cdot J_F \cdot k_{l_{m_J}} \cdot \sqrt{X_{h_0}}}{2 \cdot v_{l_m} \cdot X_{m_0}} \Big] \\
& - N_{e_1} \cdot \frac{k_{l_{h_J}} \cdot c_{h_0} \cdot J_F}{4 \cdot v_{l_h} \cdot X_{h_0}} (m\, n + 1) + K_{lV_{f_J}} \text{ RM./Jahr} \quad \ldots \ldots \quad (62)
\end{aligned}
$$

Die gesamten Anlagekosten eines rechteckigen Dreispannungsnetzes bei Zentrale in Anlagenmitte mit an die Mittelspannungsstationen angeschlossenen Hochspannungsverbrauchern, ohne Niederspannungs-Hausanschluß- und Mittelspannungsabzweigleitungen zu den Hochspannungsverbrauchern sowie ohne Nieder- und Mittelspannungsabzweigzellen können bei wirtschaftlicher Ausführung durch folgende Formel errechnet werden:

$$N_{e_1}^3 \cdot \frac{k_{l_h} \cdot c_{h_0} \cdot J_F}{4 \cdot v_{l_h}} \cdot m \cdot n\,(mn + 1)$$

$$+ N_{e_1}^2 \cdot m \cdot n \left[\frac{k_{l_n}}{2 \cdot \sqrt{X_{m_0}}} \left(J_F - L_a \cdot X_{m_0} \cdot \frac{(1 + n^2)}{2\,n} \right) \right.$$

$$+ \frac{k_{l_m} \cdot c_{h_0} \cdot J_F}{2 \cdot v_{l_m} \cdot X_{m_0} \cdot \sqrt{X_{h_0}}} (X_{m_0} - X_{h_0})$$

$$+ X_{m_0} \left(\Theta_m \cdot k_{x_{m_1}} (U_m^2 + \delta_{m_1}) + K_{x_{f_m}} \right)$$

$$+ X_{h_0} \left(\Theta_h \cdot k_{x_{h_1}} (U_h^2 + \delta_{h_1}) + K_{x_{f_h}} \right)$$

$$\left. + J_F \cdot \left(\frac{k_{x_{m_2}}}{v_{Tr_m}} + \frac{c_{h_0} \cdot k_{x_{h_2}}}{v_{Tr_h}} \right) \right]$$

$$- N_{e_1} \cdot \frac{k_{l_h} \cdot c_{h_0} \cdot J_F}{4 \cdot v_{l_h} \cdot X_{h_0}} \cdot (m \cdot n + 1) \text{ RM.} \quad \ldots \ldots \ldots \ldots \quad (63)$$

Obige Methode für die Berücksichtigung von Hochspannungsverbrauchern wird im allgemeinen auch dann annähernd richtige Werte liefern, wenn die Hochspannungsverbraucher nicht ganz gleichmäßig auf die einzelnen Unterstationen verteilt sind. Bei einer Zusammenballung der Hochspannungsverbraucher auf wenige Unterstationen, die zudem nicht in einer mittleren Entfernung von der Zentrale liegen, können sich naturgemäß größere Abweichungen von der Rechnung ergeben. Für solche Fälle mögen die vorstehenden Ausführungen wenigstens Hinweise auf die Faktoren geben, auf welche bei Vorhandensein von Hochspannungsverbrauchern besonders zu achten ist.

D. Erhöhung der Anlage- und Betriebskosten eines Netzes infolge Abweichung von der wirtschaftlichen Spannung.

Die flächenhafte Ausdehnung einer Energieverteilungsanlage wird nur in Ausnahmefällen mit den sich nach den Kapiteln V und IXB für bestimmte normalisierte Spannungen errechnenden wirtschaftlichen Netzflächen übereinstimmen. Bei der Festlegung der Verteilerspannungen wird man sich entweder für die nächstgrößere oder nächstkleinere normalisierte Spannung gegenüber der für die effektive Netzfläche wirtschaftlichsten zu entscheiden haben. Man wird hierbei wohl meist eine zu erwartende Erhöhung der Flächendichte oder der Netzausdehnung berücksichtigen. Die Entscheidung wird wesentlich erleichtert, wenn die Auswirkung der Wahl bestimmter Spannungen auf die Anlage- und Betriebskosten im voraus übersehen werden kann. Dazu können einfach die in Kapitel V entwickelten Gleichungen für die Anlage- und Betriebskosten benützt werden, indem man in diese probeweise verschiedene Spannungswerte einsetzt, unter Berücksichtigung der sich dadurch ändernden wirtschaftlichen Unterstationszahlen. Hierbei muß allerdings beachtet werden, daß besonders bei kleinen Flächendichten die Annahme eines für alle Verteilerhochspannungen gleichen Kabelreservefaktors nicht angängig ist. Der Kabelreservefaktor wird nämlich besonders bei kleinen Flächendichten für hohe Verteilerhochspannungen rasch größer, einerseits weil mit Rücksicht auf die Kabelerwärmung im Kurzschluß ein gewisser Kabelmindestquerschnitt (meist zwischen 25 und 50 mm²) gewählt werden muß, andererseits weil die in die einzelnen Unterstationen zu speisenden Hochspannungsströme im Verhältnis zu der zulässigen Belastung des Kabelmindestquerschnittes sehr klein sind.

Bei kleinen Abweichungen von den wirtschaftlichen Spannungswerten, wie sie sich bei der Wahl der nächstgrößeren normalisierten gegenüber der wirtschaftlichen Spannung ergeben können, sind die Kostenerhöhungen im allgemeinen gering. Sie sind am kleinsten in Netzen, in denen die Transformatoren nur über Sicherungen oder direkt an das Hochspannungsnetz angeschlossen sind, weil bei solcher Stationsausführung die Erhöhung der leistungsunabhängigen Anlage- und Betriebskosten der Transformatorstationen mit wachsender Verteilerspannung geringer ist als bei Ölschalteranschluß, demnach zwischen den verschiedenen Spannungswerten kleinere Unterschiede in den wirtschaftlichen Unterstationszahlen bestehen.

Bei Dreispannungskabelverteilungen kann als Mittelspannung entweder 3 kV oder 6 kV gewählt werden. Abgesehen von den Rückwirkungen auf die Verbraucher[1]), stellt sich für die Energieverteilung in dem überhaupt für Dreispannungskabelverteilungen in Frage kommenden Anwendungsbereich[2]) die Mittelspannung 6 kV immer günstiger als 3 kV. Die leistungsunabhängigen Kosten von Unterstationen für 6 kV sind nämlich nur unwesentlich höher als für 3 kV, so daß damit auch die wirtschaftlichen Unterstationszahlen und zufolge dessen auch die Kosten des Niederspannungsnetzes bei beiden Spannungen praktisch übereinstimmen. Die spezifischen Kabelkosten sind jedoch bei 6 kV wesentlich niedriger als bei 3 kV, so daß einerseits die Kosten des Hochspannungskabelnetzes selbst, andererseits die Zahl und Kosten der Hochspannungsstationen bei 6 kV eine Verringerung erfahren. Die Wahl einer nicht genau mit der wirtschaftlichen übereinstimmenden Verteilerhochspannung einer Dreispannungsverteilung erhöht in noch geringerem Maße, als es bei der Zweispannungsverteilung der Fall ist, die Kostenwerte.

Die in der folgenden Aufstellung 4 wiedergegebenen Verhältniskostenwerte für verschiedene Flächendichten und Netzausführungen geben ein zahlenmäßiges Bild von den bestehenden Abhängigkeiten der Anlage- und Betriebskosten von der Verteilerhochspannung:

---

[1]) Siehe hierüber Kapitel VIII E.

[2]) Siehe hierüber Kapitel VII A.

Aufstellung 4.

a) Zweispannungskabelverteilungen.

Netzgröße km	Energie-Flächendichte J_F kVA/km²	Stationsausführung		Verteilerhochspannung kV 3	6	10	20	30
2	1000	Transformator mit Hochspannungssicherungsanschluß $\Theta = 1$	Anlagekosten %	119	105	100	112	131
			Betriebskosten %	115	103	100	113	136
10	1000	Transformator mit Hochspannungssicherungsanschluß $\Theta = 1$	Anlagekosten %	150	114	100	116	146
			Betriebskosten %	145	112	100	118	152
10	8000	Transformator mit Ölschalteranschluß $\Theta = 2$	Anlagekosten %	143	123	100	104	115
			Betriebskosten %	141	121	100	104	118

b) Dreispannungskabelverteilungen mit $U_m = 6$ kV.

Netzgröße km	Flächendichte J_F kVA/km²	Stationsausführung		Verteilerhochspannung kV 10	20	30
10	1000	Mittelspannungsstation $\Theta = 1$ mit Sicherungen Hochspannungsstation mit Ölschalter $\Theta = 2$	Anlagekosten %	79	77	83
			Betriebskosten %	82	80	86
10	8000	Mittelspannungsstation $\Theta = 2$ mit Ölschalter Hochspannungsstation $\Theta = 2$ mit Ölschalter	Anlagekosten %	92	88	90
			Betriebskosten %	92	89	93

Die Verhältniskostenwerte der Dreispannungskabelverteilungen beziehen sich auf die wirtschaftlichen Werte nach a). Für die angenommenen Flächendichten und Netzgrößen stellt sich also die Dreispannungsverteilung günstiger als die Zweispannungsverteilung.

Es wird sich nach obigen Verhältniswerten im allgemeinen empfehlen, eher eine höhere als die nächstniedrige Spannung zu wählen, um für spätere Ausdehnungen oder Erhöhungen der Flächendichte des Netzes gerüstet zu sein.

E. Erhöhung der Anlage- und Betriebskosten eines Netzes infolge Abweichung von der wirtschaftlichen Unterstationszahl.

Die in der Praxis vorkommenden Abweichungen von der wirtschaftlichen Unterstationszahl werden teilweise auf gegebene bauliche Verhältnisse zurückzuführen sein, in vielen Fällen werden sie sich jedoch aus einer fehlerhaften Berechnung des Netzes ergeben (s. Kapitel IX A). Man kann die Erhöhung der Anlage- und Betriebskosten eines Netzes durch eine von der wirtschaftlichen abweichende Zahl von Unterstationen am einfachsten dadurch feststellen, daß man in die jeweiligen Ausgangsgleichungen (beispielsweise (24), (32) (42)) an Stelle des Faktors X_0 den Faktor $(c_x \cdot X_0)$ einsetzt. Im folgenden soll dies an den Gleichungen für eine quadratische Zweispannungsverteilung verdeutlicht werden, die folgende Form annehmen:

G e s a m t e j ä h r l i c h e B e t r i e b s k o s t e n einer quadratischen Zweispannungsverteilung bei von der wirtschaftlichen um den Faktor c_x abweichender Unterstationszahl entsprechend Gl. (29):

$$\begin{aligned} N_e^3 \cdot \frac{k_{l_{h_J}} \cdot J_F}{2 \cdot v_{l_h}} + N_e^2 \Bigg[& \left(\frac{2}{\sqrt{c_x}} + c_x \right) \cdot X_0 \left(\Theta \cdot k_{Tr_1} U_h^2 + \delta_1 \right) + K_{x_{f_J}} + \Theta \cdot k_{Tr V_1} \Big) \\ & + \frac{J_F}{v_{Tr}} \left(k_{Tr V_2} \cdot U_h + k_{Tr_2} + k_{Tr V_3} \right) \\ & - \frac{L_a}{2} \cdot k_{l_{n_J}} \cdot \sqrt{c_x \cdot X_0} \Bigg] \\ - N_e \cdot \frac{k_{l_{h_J}} \cdot J_F}{2 \cdot v_{l_h} \cdot c_x \cdot X_0} + K_{l V_f} \text{ RM./Jahr} \quad \ldots \ldots \ldots \quad (64) \end{aligned}$$

G e s a m t e A n l a g e k o s t e n einer quadratischen Zweispannungsverteilung bei von der wirtschaftlichen um den Faktor c_x abweichender Unterstationszahl entsprechend Gl. (30):

$$\begin{aligned} N_e^3 \cdot \frac{k_{l_h} \cdot J_F}{2 \cdot v_{l_h}} + N_e^2 \Bigg[& \frac{k_{l_n}}{2 \sqrt{c_x X_0}} \left(J_F - L_a \cdot c_x \cdot X_0 \right) \\ & + c_x \cdot X_0 \left(\Theta \cdot k_{x_1} \left(U_h^2 + \delta_1 \right) + K_{x_f} \right) \\ & + \frac{J_F}{v_{Tr}} \cdot k_{x_2} \Bigg] \\ - N_e \cdot \frac{k_{l_h} \cdot J_F}{2 v_{l_h} \cdot c_x \cdot X_0} \text{ RM.} \quad \ldots \ldots \ldots \ldots \quad (65) \end{aligned}$$

Mit Ausnahme des zweiten Gliedes in der Gl. (64) für die jährlichen Betriebskosten, welches die Summe der leistungsunabhängigen Kosten der Unterstationen und des Niederspannungskabelnetzes darstellt, erscheint in beiden Gl. (64) und (65) $(c_x X_0)$ nur gemeinsam, so daß es einfach möglich ist, an Stelle dieses Faktors die tatsächliche Unterstationszahl je km² einzusetzen. Der mit dem zweiten Glied von Gl. (64) verbundene Faktor $\left(\frac{2}{\sqrt{c_x}} + c_x\right)$ nimmt in Abhängigkeit von c_x die in Aufstellung 5 wiedergegebenen Zahlenwerte an.

Aufstellung 5.

Beispiele		c_x	0,05	0,1	0,3	0,5	0,8	1,0	1,2	1,5	2
Netzart	Stationsausführung	$\left(\frac{2}{\sqrt{c_x}} + c_x\right)$	9	6,43	3,96	3,3	3,04	3	3,025	3,135	3,41
Zweisp. Netz $N_e = 2$ $J_F = 1000$	Transformator mit Hochspannungssicherungsanschluß $\Theta = 1$	Anlagekosten %	214	161	116	104,3	100,1	100	100,8	104	111
		jährliche Betriebskosten %	218	162	117,7	106	100,6	100	100,5	102,5	107,9
Zweisp. Netz $N_e = 10$ $J_F = 8000$	Transformator mit Ölschalteranschluß $\Theta = 2$	Anlagekosten %	180	143	108	102,5	100,5	100	102	106,2	114,6
		jährliche Betriebskosten %	195	155	115,3	105,2	100,3	100	100,2	102	106,6

Die gesamten Anlage- und jährlichen Betriebskosten ändern sich für die im Abschnitt D dieses Kapitels ausgeführten Beispiele bei von der wirtschaftlichen abweichender Unterstationszahl nach Aufstellung 5. Dabei ist vorausgesetzt, daß die Reservefaktoren für Transformatoren und Leitungen dieselben bleiben, wie bei der wirtschaftlichen Unterstationszahl. Das wird nicht immer zutreffen. Vielmehr wird bei einer Erhöhung der Unterstationszahl gegenüber der wirtschaftlichen der Reservefaktor für das Niederspannungskabelnetz sich im allgemeinen — wegen der Verringerung der auf eine Unterstation entfallenden Verbraucher — verringern lassen, während besonders bei kleinen Flächendichten der Reservefaktor für das Hochspannungskabelnetz die Neigung hat, im selben Verhältnis in die Höhe zu gehen. Die umgekehrten Verhältnisse bezüglich der Kabelreservefaktoren werden bei einer zu geringen Unterstationszahl eintreten. Im ganzen kann man aus der Aufstellung 5 schließen, daß kleine Abweichungen von der wirtschaftlichen Unterstationszahl keine wesentlichen Erhöhungen der Anlage- und Betriebskosten herbeiführen. Man wird deshalb nach Errechnung der angenäherten wirtschaftlichen Unterstationszahl und anschließender Nachprüfung der Reservefaktoren die rechnungsmäßige Unterstationszahl im Rahmen von etwa 10 bis 20% so abändern können, daß sich bei der gegebenen Straßenanordnung eine möglichst klare und symmetrische Netzgestaltung ergibt.

VII. Jährliche Betriebskosten von Kabelnetzen.

A. Bedingungen für die günstigste Überlagerung von Kabelnetzen verschiedener Spannungen.

Zu Anfang des Kapitels V wurde bereits kurz klarzulegen versucht, welche Überlegungen zu einer Überlagerung von Kabelnetzen verschiedener Spannungen führen können. Die reine Niederspannungsverteilung erreicht bald ihre Grenzen, über die hinaus sie sowohl wirtschaftlich als auch hinsichtlich des Spannungsabfalls nicht angewandt werden kann. Die Zweispannungsverteilung ist in ihrer wirtschaftlichen Auswirkung vor allem dann beengt, wenn die Verteilerhochspannung entweder mit Rücksicht auf vorhandene Energieverbraucher (Hochspannungsmotoren) oder auf vorhandene Spannungsverhältnisse nicht frei gewählt werden kann. Der letztere Fall tritt vor allem in alten Netzen in Erscheinung, deren Verteilerhochspannung vielleicht einstmals richtig gewählt worden war, im Laufe der Zeit jedoch durch Erhöhung der Flächendichte oder der Ausdehnung des Netzes zu niedrig geworden ist. Hierbei erhebt sich die Frage, ob getrennt zu dem vorhandenen Netz ein neues Zweispannungsnetz mit höherer Spannung oder ein Dreispannungsnetz eingeführt werden soll, innerhalb dessen die alte Verteilerspannung als Mittelspannung weiterhin verbleibt. Für solche Entscheidungen ist Klarheit über die zahlenmäßige Auswirkung jedes Schrittes erforderlich. Die Hilfsmittel zu einem Vergleich sind durch die im Kapitel V entwickelten mathematischen Gleichungen für die Anlage- und Betriebskosten einer Niederspannungs-, einer Zweispannungs- und einer Dreispannungsverteilung in Abhängigkeit von Netzgröße und Flächendichte gegeben. Es handelt sich bei einem quadratisch angelegten Netz um die Gl. (21 a)/(23 a) bzw. (30)/(29) und (38)/(37) und bei einem rechteckig angelegten Netz um die Gl. (39 a)/(41 a) bzw. (53)/(52) und (59)/(58), wobei die erste Nummer immer die Gleichung für die Anlagekosten, die zweite die Gleichung für die jährlichen Betriebskosten darstellt. Sämtliche oben angeführten Gleichungen enthalten eine lineare Abhängigkeit von der Flächendichte und eine kubische von der effektiven Netzgröße. Es besteht jedoch zwischen ihnen der wesentliche Unterschied, daß mit der dritten Potenz der Netzgröße bei der Niederspannungsverteilung die Niederspannungskabelkosten, bei der Zweispannungsverteilung nur die Hochspannungskabelkosten und beim Dreispannungsnetz ebenfalls nur die Hochspannungskabelkosten verbunden sind, während sich die Niederspannungs- und Mittelspannungskabelkosten und die jeweiligen Unterstationskosten nur mit dem Quadrat der Netzgröße ändern.

Die Kurven, nach denen sich die Anlage- und Betriebskosten von Netzen in Abhängigkeit der Netzgröße ändern, werden demnach für die verschiedenen Verteilungssysteme denselben Charakter aufweisen, sie werden jedoch in der Steilheit[1]) ihres Verlaufes untereinander Unterschiede aufzeigen (Abb. 9).

Eine Einschränkung für die Anwendung von Zwei- oder Dreispannungsverteilungen ergibt sich schon rechnungsmäßig dann, wenn die wirtschaftliche Zahl von Unterstationen nicht größer als 1 ist. Bei Annahme einer Zweispannungsverteilung zeigt das Netzbild dann eine reine Niederspannungsverteilung, so daß es nur darauf ankommt, in welcher Spannung die Energie an dem Ausgangspunkt der Energieverteilung angeliefert wird, um die Kosten der Transformatorstation entweder einzuschließen oder wegzulassen. Entsprechende Überlegungen gelten für die Dreispannungsverteilung. Je nach der Flächendichte bleiben demnach Netze mit einer Ausdehnung von weniger als 0,1 bis 0,25 km² der Niederspannungsverteilung vorbehalten, sofern nicht die Energie mit einer höheren Spannung angeliefert wird. Gleicherweise wird eine Dreispannungsverteilung auf Netze von mehr als etwa 5 bis 10 km² Ausdehnung, je nach Flächendichte und Höhe der Mittelspannung beschränkt, wobei ebenfalls wieder die Spannungshöhe der angelieferten Energie zu berücksichtigen ist.

Die Dreispannungsverteilung kann sich in zweifacher Weise auf die Anlage- und Betriebskosten günstig auswirken: Einerseits durch eine Verringerung der Hochspannungsleitungskosten, andererseits durch Verringerung der Kosten des Niederspannungskabelnetzes.

Die Verringerung der Hochspannungsleitungskosten durch eine Dreispannungsverteilung ist bedingt durch die gegebenenfalls mögliche Wahl einer höheren Verteilerhochspannung als beim Zweispannungsnetz, außerdem durch die mögliche Verringerung des Kabelreservefaktors, weil die von den Hochspannungsstationen eines Dreispannungsnetzes aufgenommenen Leistungen wesentlich größer sind als die den Stationen eines Zweispannungsnetzes zuzuführenden Leistungen. Da bekanntlich der Anteil des Hochspannungskabelnetzes besonders groß ist, bei einer gegen Anlagenmitte verlagerten Zentralenanordnung oder bei einer stark von einer quadratischen abweichenden Netzform, so wird bei derart gelagerten Netzverhältnissen — besonders bei Flächendichten im Niederspannungsnetz unter 8000 kVA/km² — vor allem die Dreispannungsverteilung zu erwägen sein.

Die Verringerung der Kosten des Niederspannungskabelnetzes kommt in Frage bei einer starken Spannungsabhängigkeit der leistungsunabhängigen Kosten einer Unterstation, also z. B. bei einem primärseitigen

[1]) In einem Aufsatz »Probleme der wirtschaftlichen Kupplung von Elektrizitätsversorgungsgebieten« in Annalen der Betriebswirtschaft und Arbeitsforschung Bd. 3, Heft 3, S. 229, weist Prof. Dipl.-Ing. R. Schneider auf diese Möglichkeit der Erniedrigung der Netzkosten hin und gibt Kurven für die Übertragungskosten in Abhängigkeit der Netzgröße an, welche mit höher werdender Spannung immer flacher verlaufen. Der Verlauf dieser Kurven wird durch Abb. 9 bestätigt.

Anschluß der Transformatoren über Ölschalter. Es würde sich hierbei beispielsweise für eine Verteilerspannung von 30 kV eine wesentlich geringere Zahl von Unterstationen eines Zweispannungsnetzes ergeben als Mittelspannungsstationen für etwa 6 kV eines Dreispannungsnetzes; damit würden die Leitungslängen im Niederspannungsnetz herabgesetzt.

Nachteilig macht sich naturgemäß für die Dreispannungsverteilung die doppelte Transformierung geltend, so daß sich für Flächendichten über 8000 kVA/km² im Niederspannungsnetz — also Flächendichten von etwa 4000 kVA/km² auf die Zentrale umgerechnet bei einem Verschiedenheitsfaktor $v_z = 2$ — die Zweispannungsverteilung für alle praktisch in Frage kommenden Netzgrößen günstiger stellt. Ausnahmen können bestehen bei einer ungünstigen Lage der Zentrale im Verhältnis zum Versorgungsgebiet sowie bei vorhandenen Zweispannungsnetzen, deren Verteilerspannung durch Vergrößerung der Flächendichte oder der Netzausdehnung zu niedrig geworden ist.

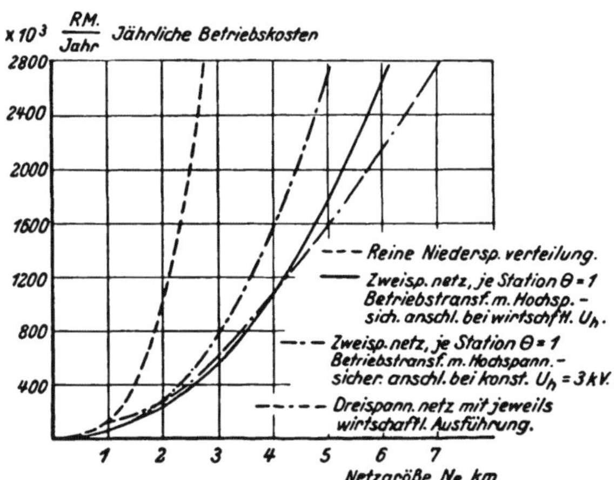

Abb. 9. Jährliche Betriebskosten von Kabelverteilungen in Abhängigkeit der Netzgrößc (quadratisches Netz) für Flächendichte $J_F = 4000$ kVA/km².

In Abb. 9 sind für $J_F = 4000$ kVA/km² die jährlichen Betriebskosten in Abhängigkeit der Netzgröße aufgetragen für eine reine Niederspannungsverteilung, eine Zwei- und eine Dreispannungsverteilung bei jeweils günstigster Ausführung. Weiter wurde die Kurve aufgenommen, nach der sich die Betriebskosten einer Zweispannungsverteilung bei festgehaltener Verteilerspannung $U_h = 3$ kV bei Vergrößerung des Netzes entwickeln würden. Die Abb. 9 zeigt, daß die reine Niederspannungsverteilung sehr bald — etwa bei $N_e = 0{,}3$ km — wesentlich überhöhte Kosten ergibt. Die Dreispannungsverteilung — für deren Hochspannungsstationen je 2 Betriebstransformatoren mit Ölschalteranschluß gewählt wurden — beginnt erst bei etwa $N_e = 1$ km mit erhöhten Kosten, die Kurve zeigt jedoch einen flacheren Anstieg als die der Zweispannungsverteilung, so daß sie bei Netzgrößen über etwa 4 km günstiger wird als diese. Die Kurve für die Betriebskosten einer Zweispannungsverteilung mit fester Verteilerspannung $U_h = 3$ kV zeigt sehr bald wesentliche Erhöhungen gegenüber der Dreispannungsverteilung. Diese Kostenerhöhungen würden noch größer bei einer Erhöhung der Flächendichte, mit welcher wohl meist ebenfalls zu rechnen sein wird.

Bei höheren Flächendichten als etwa 8000 kVA/km² schiebt sich die Kurve für das Dreispannungsnetz in Abb. 9 zwischen die Kurven für die Zweispannungsverteilungen, das prinzipielle Bild bleibt unverändert.

Mit Hilfe obenerwähnter Gleichungen läßt sich daher die Frage beantworten, zu welchem Zeitpunkt am zweckmäßigsten bei Vergrößerung vorhandener Netze zu einer Überlagerung einer höheren Verteilerspannung geschritten, oder ob besser ein anderes Zweispannungsnetz mit höherer Verteilerhochspannung parallel zum vorhandenen eingeschaltet wird. Beim Übergang sind zwar neue Aufwendungen zu machen. Der weitere Kurvenverlauf bei Vergrößerung der Flächendichte oder der Netzgröße bleibt jedoch weniger steil, als er bei Belassung der gegebenen Spannungsverhältnisse würde.

Wenn es sich nur um einen Vergleich handelt, welches Verteilungssystem sich günstiger stellt, können bei gleicher Mittelspannung neben den negativen Korrekturgliedern für die Einzelverbraucherleistung und die mit Hochspannungsstationen zusammenfallenden Mittelspannungsstationen die Kosten der Mittelspannungsstationen und des Niederspannungskabelnetzes weggelassen werden, da sie bei Zwei- und Dreispannungsverteilungen gleich groß werden würden.

In den Gleichungen für die jährlichen Betriebskosten sowohl einer quadratischen (29) als auch einer rechteckigen (52) Zweispannungsverteilung stellt das erste Glied mit N_e^2 den dreifachen Betrag der leistungsunabhängigen Betriebskosten aller Netzstationen dar. Dieses Glied ergibt sich durch die Zusammenfassung der leistungsunabhängigen Betriebskosten aller Transformatorstationen mit dem Teil der Betriebskosten des Niederspannungskabelnetzes, der nur von der Flächendichte der Energie abhängig ist. Dieser Kostenbetrag wird zur genauen Bestimmung der jährlichen Betriebskosten des Niederspannungskabelnetzes um einen Betrag vermindert, der die direkte Speisung der mit Unterstationen örtlich zusammenfallenden Verbraucher berücksichtigt. Er ist naturgemäß besonders bei kleinen Flächendichten nur ein Bruchteil des Kostenbetrages, der sich bei Vernachlässigung der Tatsache ergeben würde, daß einzelne Verbraucher mit Unterstationen zusammenfallen. Man kann daher von der Gleichung für die jährlichen Betriebskosten einer Zweispannungsverteilung die interessante Beziehung ableiten, daß bei wirtschaftlicher Ausführung die jährlichen Betriebskosten des Niederspannungskabelnetzes praktisch doppelt so hoch sein müssen als die leistungsunabhängigen jährlichen Betriebskosten für alle Netzstationen. Dadurch also, daß man diesen Kostenanteil verbilligt, verbilligt man automatisch im selben Umfange die Kosten des Niederspannungskabelnetzes.

Die Gleichungen für die jährlichen Betriebskosten einer quadratischen (37) und rechteckigen (58) Dreispannungsverteilung enthalten außer dem eben bei der Zweispannungsverteilung beschriebenen Glied ein ebenso aufgebautes, das die Zusammenfassung der leistungsunabhängigen jährlichen Betriebskosten für alle Hochspannungstransformatorstationen mit dem Hauptteil der jährlichen Betriebskosten des Mittelspannungskabelnetzes darstellt. Dieser Kostenbetrag ist also bei wirtschaftlicher Ausführung doppelt so groß als der leistungsunabhängige Kostenanteil für die Hochspannungsstationen.

Damit sind Wege gewiesen für eine günstigste konstruktive Ausführung der Transformatorenstationen zwecks Erzielung einer möglichst billigen Energieverteilung, welche in dem Abschnitt C dieses Kapitels näher behandelt werden.

Wie sich schon aus der Erläuterung der oben zum Vergleich angeführten Gleichungen für die Anlage- und Betriebskosten von Netzen ergibt, kommen zu den zahlenmäßig erfaßbaren Größen noch weitere, deren Zahlenwerte entweder nicht nach allgemeinen Gesetzen festgelegt werden können, z. B. K_{x_f}, oder solche, deren Höhe die Form der Energieverteilung nicht zu beeinflussen vermag, z. B. die Kosten der Hausanschlußleitungen, Anschlußkasten, Abzweigmuffen usw., welche jedoch beträchtliche Kostenwerte ausmachen können. Diese Faktoren werden in dem späteren Kapitel IX C, in ihrem Einfluß auf die Anlage- und Betriebskosten je kVA Verteilerleistung kurz behandelt.

B. Vermaschung von Netzen.

Die Vermaschung von Niederspannungsnetzen in ihrer modernen Form[1]), welche direkten Anschluß der Transformatoren an die Hochspannungsspeisekabel und die Anordnung von Rückwattschaltern auf der Niederspannungsseite der Transformatoren vorsieht, ist zuerst in den Vereinigten Staaten von Nordamerika durchgeführt worden. In den letzten Jahren hat dieses System auch in Deutschland, z. B. bei den Berliner Elektrizitätswerken, Verwendung gefunden. Die wesentliche Eigenart dieser Netzform besteht darin, daß das Niederspannungsnetz in Amerika direkt, in Deutschland über träge Netzsicherungen, vermascht und durch entsprechend der Belastungsdichte verteilte Transformatorstationen vielfach gespeist wird. Die Transformatorstationen werden zweckmäßig in Ringen an die Hochspannungsspeisekabel direkt so angeschlossen, daß etwa jeder zweite Transformator einer Straße von dem gleichen Speisekabel, die übrigen von einem weiteren Speisekabel gespeist werden. Bei Kurzschluß im Niederspannungsnetz wird der schad-

[1]) Aemmer, »Die zukünftige Gestaltung der Energieverteilung von New York«. Bullet. Schweiz. Elektrotechn. Verein v. 21. 1. 31. — Wittich, »Drehstrom-Maschennetze mit Mehrfachspeisung«. E. u. M. 1931, S. 625. — Besold und Müller, ETZ 1930, S. 953. — Mestermann, »Die Elektrizitätsversorgung von Städten durch vielfach gespeiste, vermaschte Drehstrom-Niederspannungsnetze«. Siemenszeitschrift, Oktober 1931.

hafte Leiterteil bei den niedrigen in Amerika üblichen Spannungen von 120/208 V oder 115/199 V ausgebrannt. Der Lichtbogen erlischt dabei selbsttätig, ohne daß die Hochspannungsspeiseschalter der Zentrale betätigt würden. Bei der in Deutschland üblichen Niederspannung von 220/380 V erfolgt das Abreißen des Lichtbogens nach Versuchen der Bewag[1]) und der SSW[2]) sicher nur bei beschränkten Kurzschlußströmen. Deshalb sowie wohl auch zur genauen Festlegung der Abschmelzstellen werden in Deutschland Hochleistungsnetzsicherungen zur Abschaltung von Niederspannungskabelfehlern vorgezogen. Zur Erreichung einer genügenden Selektivität der Abschaltzeiten hintereinander geschalteter Sicherungen gleichen Nennstroms war es notwendig, diesen eine besonders große Trägheit zu geben. Diese träge Charakteristik gestattet, die Unterschiede in den Durchgangsstromstärken hintereinander geschalteter Sicherungen bei vergrößertem Abstand von der Fehlerstelle auszunützen.

Im Falle eines Fehlers in einem Hochspannungsspeisekabel werden zunächst die Speiseschalter in der Zentrale bzw. der Hochspannungsschaltstation ausgeschaltet. Über die Transformatoren würde jedoch die Fehlerstelle noch von der Niederspannungsseite aus gespeist. Um das zu verhindern sind hier die oben erwähnten Maschennetzschalter (Rückwattschalter) eingebaut. Diese Rückwattschalter können in leistungsschwachen Zeiten auch zur Abschaltung von Transformatoren ausgenützt werden. Hierfür wird die Relaiseinstellung im Rückwattschalter so empfindlich eingestellt, daß die Aufnahme des Magnetisierungsstromes von der Niederspannungsseite zu deren Auslösung genügt. Sofern dies nicht möglich ist, kann durch Einschaltung von Belastungsdrosselspulen auf der Hochspannungsseite nach abgeschalteten Speiseschaltern nachgeholfen werden.

Die Unterbringung der Transformatorstationen wird in Deutschland meist in Kellerräumen von Häusern, andernfalls in Unterpflasterstationen vorgenommen werden. Im letzteren Fall muß auf eine wasserdichte Ausführung der Transformatoren und Schaltgeräte geachtet werden, welche naturgemäß die leistungsunabhängigen Kosten einer Transformatorstation erhöht.

Als Hauptvorteile der Vermaschung können hervorgehoben werden:

1. Anordnung von 1 Transformator je Station, damit Verringerung der leistungsunabhängigen Kosten einer Unterstation,
2. Sicherstellung ununterbrochener Energielieferung auch in Störungsfällen bis auf kleine Netzteile,
3. Gute Spannungshaltung (s. Abb. 7 und 8),
4. Einfache Erweiterbarkeit des Netzes durch Einfügung vereinheitlichter Transformatorstationen,

---

[1]) Freiberger, »Elektrizitätswirtschaft«. Juni 1930.

[2]) Besold und Müller, ETZ 1930, S. 953.

5. Erleichterung des Anschlusses größerer Verbraucher an Hochspannung,
6. Verringerung der Niederspannungskabelverluste durch Lastausgleich und Verkürzung der Übertragungslängen,
7. Einfache Betriebsführung.

Als Nachteil kann demgegenüber angesehen werden die große Reserve im Niederspannungskabelnetz, besonders bei Flächendichten, bezogen auf das Niederspannungsnetz unter 8000 kVA/km².

Im Sinne der Wirtschaftlichkeitsrechnung ist zu rechnen mit $\Theta = 1$ Betriebstransformatoren je Station und den in Kapitel II, Aufstellung 1, für Maschennetzstationen angegebenen Konstanten δ_1 bis δ_3 (s. a. Anlage I). Sie berücksichtigen den Transformator, die Maschennetzschalter, den Hochspannungsanschluß und den Bauanteil für die Unterbringung unter Pflaster. Weitere Kosten für Trennstellen in den Speisekabeln sowie außergewöhnliche Baukosten können in den Faktor K_{x_f} eingeschlossen werden.

Die vorstehenden Ausführungen gingen zunächst von Zweispannungsnetzen aus. In Amerika wird demgegenüber neuerdings[1]) außer der Vermaschung des Niederspannungskabelnetzes auch die Vermaschung des Mittelspannungsnetzes einer Dreispannungsverteilung empfohlen und diese Maßnahme „als der revolutionärste Schritt in der elektrischen Verteilung seit der Einführung des Wechselstromes" bezeichnet. Es ist unbestreitbar, daß sich die oben entwickelten Gedankengänge für die Vermaschung auch auf Mittelspannungsnetze anwenden lassen. Damit könnte im Hochspannungsnetz ebenfalls 1 Transformator je Station angenommen werden. Nach den Ergebnissen dieser Arbeit kann jedoch die Anwendung von Dreispannungsverteilungen gegenüber von Zweispannungsnetzen gerade bei großen Flächendichten, wie sie in den amerikanischen Städten in Frage kommen, keine wirtschaftlichen Vorteile bringen, wenn für das Zweispannungsnetz ohne Einschränkung die wirtschaftliche Verteilerhochspannung gewählt werden kann. Wenn allerdings mit Rücksicht auf bestimmte Verbraucher, für die sich nur eine Mittelspannung eignet, eine solche Mittelspannung vorhanden sein muß, kann die Dreispannungsverteilung mit vermaschtem Niederspannungs- und Mittelspannungsnetz in Frage kommen. Bei der niedrigen Spannung von 120/208 V in Amerika wird vielleicht die Notwendigkeit eines Mittelspannungsnetzes häufiger vordringlich sein. In Deutschland wird bei 220/380 V meist eine Zweispannungsverteilung mit vermaschtem Niederspannungsnetz in städtischen Verteilungsnetzen die gegebene Verteilungsform darstellen.

---

[1]) D. K. Blake, »Network promises marked economies«. Electrical World 1931, vom 14. März.

In industriellen Netzen sind zwar die Flächendichten im allgemeinen groß, die Verbraucher sind jedoch meist in einzelnen Anschlußpunkten großer Leistungsaufnahme zusammengeballt anzunehmen. Für solche Fälle ergibt sich vielfach schon innerhalb der Bauten eine Art Gruppe eines vermaschten Netzes, in Form von ringförmig geschlossenen Leitungen, für welche wieder eine doppelte Speisung ebenfalls durch Ringe mit Relaisüberwachung und Auftrennung genügt. Eine solche Verteilungsform stellt sich billiger als die direkt vermaschte, weil die Niederspannungskabelreservefaktoren hauptsächlich mit Rücksicht auf die zusätzlich notwendigen Kabellängen zur Schließung der Maschen niedriger werden.

Bezüglich der Berechnung der Kabelreservefaktoren in vermaschten Netzen kann auf die Ausführungen in Kapitel III C verwiesen werden. Dort sind auch einige Werte für die Kabelreservefaktoren angegeben, die bei verschiedenen Energieflächendichten als Mindestwerte angenommen werden müssen.

Je nach der Netzausdehnung werden die Anlagekosten eines vermaschten Netzes für eine kleine Energieflächendichte von $J_F = 1000$ kVA/km² etwa 1,5 bis 2mal so hoch anzunehmen sein als die eines unvermaschten Netzes, in dem je Station ein Transformator mit Hochspannungssicherungsanschluß angeordnet wird. Gegenüber einer Stationsausführung mit 2 Betriebstransformatoren je Station, die hochspannungsseitig über Ringkabelölschalter angeschlossen sind, stellen sich die Anlagekosten des vermaschten Netzes nur noch einige Prozente höher. Bei einer Energieflächendichte im Niederspannungsnetz von $J_F = 4000$ kVA/km² sind obige Verhältniszahlen nur 1,2 bis 1,5 bzw. bei 2 Betriebstransformatoren 1. Bei $J_F = 8000$ kVA/km² ist das Verhältnis sogar nur noch 1,0 bis 1,2 bzw. 0,9.

Bei größeren Flächendichten als 8000 kVA/km² kommen Hochspannungssicherungen für den Transformatorschutz nicht mehr in Frage, sondern nur noch Leistungsschalter. Bei $J_F = 20\,000$ kVA/km² werden die Anlagekosten eines solchen unvermaschten Netzes mit 2 Betriebstransformatoren je Station gegenüber einem vermaschten mit einem Betriebstransformator je Station etwa 15 bis 25% höher.

Damit ist der wirtschaftliche Anwendungsbereich der vermaschten Niederspannungsnetze mit Vielfachspeisung gegeben. Hierfür kommen vor allem Stadtgebiete mit Energieflächendichten über $J_F = 8000$ kVA/km² bezogen auf das Niederspannungsnetz in Frage, und besonders solche mit großer Ausdehnung, bei denen sich also der verhältnismäßig niedrige Preis von Maschennetzstationen bei hoher Verteilerspannung von 15 bis 30 kV günstig auswirken kann. Voraussetzung für eine vorteilhafte Anwendung der Maschennetze ist weiter eine gleichmäßige Verteilung der Verbraucher. Wenn hohe Flächendichten durch Zusammenballung großer Verbraucherleistungen an einzelnen Punkten zustande kommen, wie das vielfach in Industrieanlagen der Fall ist, kann es günstiger sein, das Niederspannungsnetz praktisch zusammenschrumpfen zu lassen und die einzelnen Verbraucherblocks direkt mittels Einzeltransformatoren zu versorgen.

C. Wirtschaftliche konstruktive Ausbildung von Unterstationsausrüstungen.

Im Abschnitt A dieses Kapitels wurde bereits ausgeführt, daß bei wirtschaftlicher Unterstationszahl die jährlichen Betriebskosten des Niederspannungskabelnetzes etwa doppelt so groß sind wie die leistungsunabhängigen Jahreskosten aller auf Niederspannung transformierender Netzstationen. Beim Dreispannungsnetz gilt dieselbe Beziehung zwischen den Jahreskosten des Mittelspannungskabelnetzes und den leistungsunabhängigen Jahreskosten der Hochspannungstransformatorstationen. Da die Summe von Niederspannungskabelkosten und leistungsunabhängigen Unterstationskosten bei nicht sehr ausgedehnten Netzen den überwiegenden Teil der gesamten Jahresnetzkosten ausmacht, ergibt sich ohne weiteres, daß die Netzkosten am stärksten durch die Senkung der leistungsunabhängigen Kosten der Unterstationen erniedrigt werden können. Außer den Netzkosten wird auch der Spannungsabfall im Niederspannungsnetz durch die Ermäßigung der leistungsunabhängigen Betriebskosten einer Unterstation günstig beeinflußt.

Die leistungsunabhängigen Kosten einer Unterstation

$$\left(\Theta_{1} \cdot k_{Tr_1} (U_h^2 + \delta_1) + K_{x_{f_J}} + \Theta \cdot k_{Tr_{V_1}}\right)$$

sind abhängig von der Zahl der Betriebstransformatoren je Station; sie enthalten einen Anlagekosten- und einen Verlustkostenanteil für die Transformatoren selbst, für den Bau der Station sowie die Kosten des hochspannungsseitigen Netzanschlusses, bei vermaschten Netzen der Rückwattschalter. Die Kosten der Niederspannungsabgänge sind praktisch ausschließlich leistungsabhängig. Sie beeinflussen daher die wirtschaftliche Unterstationszahl nicht und die Kosten des Niederspannungskabelnetzes nur in ihrem eigenen Umfang.

Im wesentlichen sind also durch konstruktive Maßnahmen im Bau der Stationen die Kosten der Schaltgeräte und des Bauanteils selbst zu beeinflussen.

Der hochspannungsseitige Anschluß des Transformators kann erfolgen über Hochspannungsleistungssicherungen, die möglichst gleichzeitig zur Abtrennung dienen können, über Leistungsschalter, z. B. nach dem Öl-, Expansions- oder Druckluftschalterprinzip oder bei vermaschten Netzen direkt, wobei statt des Hochspannungsschalters der niederspannungsseitige Rückwattschalter hinzuzurechnen ist.

Die geringsten Stationskosten ergeben sich zweifellos bei Anschluß über Hochspannungstrennsicherungen, die zweckmäßig in einem Gehäuse mit dem Transformator und den Niederspannungsabgängen möglichst innig zusammengebaut werden, damit sich die Verriegelung zwischen Niederspannungsabgängen und Hochspannungstrennsicherungen möglichst einfach gestaltet. Die Anwendung dieser Bauform beschränkt sich jedoch auf Transformatorleistungen unter 250 bis 300 kVA und Spannungen unter 30 kV, weil nur bei solchen Leistungen die Abschaltung des Transformatorleerlaufstromes durch Trennmesser gefahrlos möglich ist. Diese Stationsausführung kommt deshalb in Frage für Energieflächendichten im Niederspannungsnetz unter etwa 8000 kVA/km². Je nach den Ansprüchen an die Sicherheit der Stromlieferung können 1 oder 2 Transformatoren je Station angenommen werden. Da durch die niedrigen leistungsunabhängigen Stationskosten eine verhältnismäßig dichte Besetzung mit Stationen bewirkt wird, ist das auf eine Station entfallende Versorgungsgebiet klein, die Sicherheit der Stromlieferung auch im Störungsfall verhältnismäßig groß.

Die Anordnung von Leistungsschaltern auf der Transformatorhochspannungsseite ergibt sich notwendigerweise in unvermaschten Netzen bei größeren Transformatorleistungen als etwa 250 kVA. Zur Verbilligung der Unterbringung der Schaltgeräte ist deren Gußkapselung zu empfehlen. Als besonders zweckmäßig für Ringverteilungen als Ersatz für vermaschte Netze — bei praktisch derselben Sicherheit wie bei diesen — hat sich eine Zusammenfassung[1]) von Ringtrennschaltern, die für Abschaltung der Durchgangsleistung eingerichtet sind, mit dem Abzweigleistungsschalter bewährt. Sie können sowohl für 1 oder 2 Transformatoren je Station wie zur Einschaltung von Hochspannungsverbrauchern in den Leitungsring ausgenützt werden.

Die leistungsunabhängigen Kosten einer Unterstation nach dem Sicherungsprinzip werden nur eine geringe Abhängigkeit von der Spannung aufweisen, im Gegensatz zu Unterstationen mit Hochspannungsleistungsschaltern (Abb. 1). Die Ausrüstung von Stationen mit Leistungsschaltern wird sich daher bei Spannungen unter 10 kV verhältnismäßig billig, bei höheren Spannungen verhältnismäßig teuer gestalten. Die leistungsunabhängigen Kosten vonUnterstationen in vermaschten Netzen mit Maschennetzschaltern liegen in ihrer absoluten Höhe in der Größenordnung der Stationskosten mit Ringkabelschaltern für 6 kV (Abb. 1), weisen jedoch eine geringere Spannungsabhängigkeit als die letztere Bauform auf. Die wirtschaftliche Unterstationszahl wird für die Spannungen 3 und 6 kV in der Größenordnung der für Ölschalter entwickelten, für höhere Spannungen in der Mitte zwischen den für Hochspannungssicherungs- und für Ölschalteranschluß in Frage kommenden Werten liegen. Auch hieraus zeigt sich, daß die vermaschten Netze hauptsächlich für

[1]) Ringkabelschalter von BBC, Mannheim, und Voigt & Haeffner, Frankfurt.

große Flächendichten und ausgedehnte Gebiete, also hohe wirtschaftliche Verteilerspannungen in Frage kommen.

Als Verteilerspannungen wurden solche bis 30 kV für Kabelnetze untersucht. Sie werden für die praktisch vorkommenden Ausdehnungen der Kabelnetze ausreichen. Als wertvoller Fortschritt würde auch in diesem Zusammenhange erscheinen, wenn die Generatoren direkt für Verteilungsspannungen bis 30 kV ausgeführt werden könnten. Nach neueren Fortschritten in der Isolationstechnik ist dies, zum mindesten in Verbindung mit einer Wasserstoffkühlung der Generatoren, möglich.

Die in Deutschland meist übliche Ausführung der Unterstationen mit Schalteinrichtungen in offener Zellenbauweise stellt sich sowohl nach dem Apparate- als auch dem Baukostenanteil verhältnismäßig teuer. Es ist deshalb notwendig, in Zukunft von dieser Ausführungsform abzugehen.

Die Unterstationseinrichtungen müssen so billig als möglich und mit kleinstem Aufwand für den Bauanteil, damit auch mit kleinsten Anforderungen an ihre Unterbringung, gebaut werden. Jede überflüssige Maßnahme, jede Ausgabe für die bei den Architekten oft so beliebten Fassaden, jede unnötige Meßeinrichtung verteuern nicht nur die Stationen selbst, sondern ergeben Mehrkosten in den Niederspannungskabelnetzen, die eine Verdreifachung der für die Stationen selbst ausgegebenen Beträge bewirken.

VIII. Einfluß der Verbraucher auf die Energieverteilung in Industrieanlagen.

Bei der Auslegung einer Energieverteilungsanlage müssen zunächst die voraussichtlich zu erwartenden Energieflächendichten im Niederspannungskabelnetz und die verschiedenen Verschiedenheitsfaktoren geschätzt werden. Man wird auch zu erwägen haben, welche Ausdehnung voraussichtlich das Netz annehmen wird, um damit die wirtschaftliche Verteilerspannung ermitteln zu können. Weiter müssen der zu erwartende Jahresbelastungsfaktor und die Scheinarbeitsverluststundenzahl h_{V_s} bezogen auf die Spitzenscheinleistung geschätzt werden, da durch sie die Jahreskosten für die Verluste in den Leitungen und Transformatoren bestimmt werden. Auch die wirtschaftliche Stromdichte für die Leitungen und damit die Kabelreservefaktoren werden durch die Verluststundenzahl beeinflußt. Die Kabelreservefaktoren hängen allerdings in noch stärkerem Maße von den Anforderungen ab, die an die Sicherung des Strombezugs gestellt werden.

Die Preise von Verbrauchsgeräten und Motoren sind wesentlich von der Höhe der zur Verfügung stehenden Spannung abhängig.

In Industrieanlagen, in denen sowohl die Kosten der Energieverteilung selbst, als der vielen Verbrauchsgeräte und Motoren aus einer

Kasse finanziert werden müssen, ist deshalb bei der Spannungswahl auch deren Einfluß auf die Verbraucher zu berücksichtigen. Die sich daraus ergebenden Gesichtspunkte sind auch für öffentliche Netze wichtig, welche Industrieanlagen mit Strom versorgen wollen.

Die folgenden Ausführungen sollen auf die Verhältnisse in industriellen Netzen beschränkt bleiben, die in der Literatur mit Kenntnis des Verfassers noch kaum behandelt worden sind.

A. Maximaler Leistungsbedarf und installierte Verbraucherleistung.

Das Verhältnis des maximalen Leistungsbedarfs in kW zur installierten Verbraucherleistung in kW, das im folgenden Verbrauchsfaktor »v_i« genannt werden soll, ist je nach Art der Verbraucher und den besonderen Umständen großen Schwankungen unterworfen. Die Schwankungen von v_i sind im wesentlichen durch folgende Umstände bedingt:

1. durch den Anteil der installierten Reserve,
2. durch die Schwierigkeit der genauen Schätzung des Leistungsverbrauchs von Antriebsmaschinen,
3. durch die Sprünge in der Reihe der Typenleistungen,
4. durch Schwankungen im Leistungsbedarf von Antriebsmaschinen,
5. durch den Verschiedenheitsfaktor,
6. durch Erweiterung oder Einschränkung von Anlagen,
7. durch die Konjunktur.

Der Leistungsverbrauch für Spezialzwecke, wie elektrische Heizungen, Lichtbogenöfen usw., ist im allgemeinen aus den Bedürfnissen der Anlage leicht zu bestimmen. Für den Leistungsverbrauch elektrischer Beleuchtungsanlagen liegen ebenfalls durch verschiedene Arbeiten der letzten Zeit gute Schätzungsunterlagen vor. Bei Beleuchtungsanlagen wird man in der Schätzung des Leistungsbedarfs die Tendenz zur Erhöhung der Helligkeitsansprüche zu berücksichtigen haben. Der Hauptleistungsverbrauch in Industriebetrieben wird im allgemeinen auf elektrische Antriebe entfallen. Die Höhe des Verbrauchsfaktors wird vor allem von der Art der Antriebe abhängen, die Reservehaltung und den Verschiedenheitsfaktor bestimmen.

Die installierten Reserveantriebe werden zweckmäßig sofort abgerechnet. Ihr Anteil wird gering sein, wenn ein Aussetzen des Antriebs im Störungsfall für eine gewisse Zeit unbedenklich ist, also z. B. bei Speicher- und nicht durchlaufenden Betrieben.

Ohne Berücksichtigung der Reserveleistung wird der Verbrauchsfaktor etwa folgende Werte annehmen, die auf Grund von umfangreichen, auf Anregung des Verfassers freundlicherweise in einem großen Industrieunternehmen durchgeführten Messungen ermittelt sind:

Bei Werkstätten	$v_i = 0{,}2$ bis 0,6,
bei durchlaufenden Förderanlagen	$v_i = 0{,}2$ » 0,6,
bei Krananlagen	$v_i = 0{,}1$ » 0,2,
bei Mahlanlagen	$v_i = 0{,}6$ » 0,8,
bei Pumpen und Gebläsen	$v_i = 0{,}3$ » 1,00.

Allgemein gültige, enger begrenzte Werte können nicht aufgestellt werden, da viel zu viele willkürlich beeinflußbare Faktoren hereinspielen. Im allgemeinen wird sich in großen Industrieanlagen ein Mittelwert einstellen, der sich nach dem Anteil der verschiedenen Antriebsarten richtet. Während einzelne Bauten zeitlich teilweise noch starke Schwankungen der Energiebelieferung aufweisen, führt der Zusammenschluß verschiedener Energieverbraucher in einer Unterstation zu einem Ausgleich, der naturgemäß um so größer wird, je mehr Verbraucher zusammengeschaltet werden (Verschiedenheitsfaktor).

In großen, dem Verfasser bekannten Industrieanlagen schwankt das Verhältnis der Spitzenleistung des Werks in kW zur gesamten Anschlußleistung in kW zwischen 0,2 und 0,35. In diesen Zahlenwerten haben sich die Verbrauchs- und die Verschiedenheitsfaktoren ausgewirkt.

Die Anschlußleitungen zu den einzelnen Fabrikationsbauten müssen für die maximal zuzuführenden Leistungen bemessen werden.

Ihre Längen und Querschnitte sind unabhängig von der Unterstationszahl; sie wurden daher in den vorhergehenden Abschnitten nicht berücksichtigt. In den — gesehen vom Verbraucher aus — darauffolgenden Niederspannungsverteilerleitungen vollzieht sich schon ein gewisser Ausgleich durch den Anschluß mehrerer Verbraucher. Der sich in diesen Niederspannungsverteilerleitungen einstellende Belastungszustand zur Zeit der Spitze ist maßgebend für deren Bemessung und die Errechnung der wirtschaftlichen Unterstationszahl. Aus diesem Grund wurde die Flächendichte J_F der maximalen Energieentnahme auf diesen Belastungszustand in den Niederspannungsverteilerleitungen bezogen.

Gegenüber dieser Energieflächendichte J_F ergibt sich für die Transformatoren eine weitere Verringerung durch den Zusammenschluß mehrerer Niederspannungskabel, welche nicht zur gleichen Zeit ihre Spitzenleistungen führen (Verschiedenheitsfaktor v_{Tr}), eine nochmalige Ermäßigung für die Hochspannungsverteilerleitungen. Schließlich ist durch den Zusammenschluß einer großen Zahl von Hochspannungsleitungen in der Zentrale mit einer weiteren Verringerung der Energieflächendichte zu rechnen. Bei der Bemessung der Verschiedenheitsfaktoren und der Durchgangsleistungen ist auf die Verluste in den Leitungen und Transformatoren Rücksicht zu nehmen.

Geht man von dem Belastungszustand in den Niederspannungsverteilerkabeln aus (Flächendichte J_F kVA/km²), so ist die Energieflächendichte bezogen auf die Transformatoren $\frac{J_F}{v_{Tr}}$ kVA/km²,
die Energieflächendichte bezogen auf die Hochspannungsleitungen einer Zweispannungsverteilung $\frac{J_F}{v_{l_h}}$ kVA/km²,
die Energieflächendichte bezogen auf die Zentrale $\frac{J_F}{v_z}$ kVA/km².

Als brauchbare Mittelwerte wurden bei der Durchrechnung von Beispielen folgende verwendet:

$$v_{Tr} = 1,5$$
$$v_{l_h} = 1,8$$
$$v_z = 2.$$

Erfahrungsgemäß ist der Einfluß der Verschiedenheitsfaktoren um so größer, je näher man zu den Einzelverbrauchern herankommt. Der gesamte Verschiedenheitsfaktor zwischen der Flächendichte bezogen auf die gleichzeitigen Spitzenleistungen in den Hausanschlußleitungen und der Flächendichte, die sich aus der Zentralenspitzenleistung errechnet, kann Werte von $v_{g\,s} = 3$ bis 3,5 erreichen. Eine zahlenmäßige Vorausbestimmung wird allerdings nur auf Grund genauer Erfahrungswerte für ähnliche Anlagen möglich sein. Dagegen können die Verbrauchs- und Verschiedenheitsfaktoren bei Erweiterung bestehender Anlagen ausgenutzt werden.

B. Jährliche Benutzungsdauer des Leistungsmaximums und jährliche Verluststundenzahlen.

Für die Errechnung der jährlichen Energieverluste in den Transformatoren und Kabeln ist die Kenntnis der jährlichen Verluststunden notwendig. Sie stellen bekanntlich die Anzahl der Stunden dar, die bei Spitzenlast denselben Arbeitsverlust ergeben, wie er sich während des ganzen Jahres durch die schwankenden Belastungen einstellt. Die jährliche Verluststundenzahl h_V stellt das Produkt aus Arbeitsverlustfaktor ϑ und der Zeit T dar, also

$$h_V = (\vartheta \cdot T) \text{ Stunden} \quad \ldots\ldots\ldots \quad (66)$$

Der Arbeitsverlustfaktor ϑ steht in enger Beziehung zum Belastungsfaktor m, der als das Verhältnis der Benutzungsstundenzahl[1]) der Spitze während eines Zeitraumes zur Gesamtstundenzahl dieses Zeitraumes definiert ist. Es möge gestattet sein, bezüglich der mathemati-

[1]) Wolf, »Die Grundlagen der Mathematik der Belastungskurven und der Netzverluste«. Dissertation, Darmstadt 1930.

schen Ableitung der Begriffe und der einschlägigen Literatur auf die Arbeit von M. Wolf zu verweisen.

Nach M. Wolf (s. S. 29) bewegt sich der Arbeitsverlustfaktor ϑ gegenüber dem Belastungsfaktor m zwischen zwei Grenzwerten:

Bei Abnahme der Spitzenleistung L_S während der Zeit $(T \cdot m)$ wird $\vartheta_{max} = m$, also

$$h_{v_{max}} = m \cdot T \quad (67)$$

Die Abnahme der Leistung $(L_S \cdot m)$ während der Teit T ergibt $\vartheta_{min} = m^2$, also

$$h_{v_{min}} = m^2 \cdot T \quad (68)$$

Es gibt industrielle Betriebe, die mehr der Gl. (67) (z. B. Fabriken, die nur einen Teil des Tages arbeiten) und solche, die mehr der Gl. (68) genügen werden (z. B. Fabriken mit durchgehendem Betrieb).

Für die Verlustberechnung von Kabelnetzen kommt der Arbeitsverlustfaktor ϑ_s bezogen auf die Scheinleistung in Frage. In der Arbeit von M. Wolf wird in Erweiterung von vorausgehenden Arbeiten, insbesondere von Tröger, die Ableitung des Scheinarbeitsverlustfaktors ϑ_s vom Arbeitsverlustfaktor ϑ_W der Wirkleistung unternommen.

Für $\cos\varphi =$ konst. ergibt sich

$$\vartheta_{s(\cos\varphi = \text{const})} = \vartheta_W \quad (69)$$

Für konstante Blindleistung eines Netzes wird

$$\vartheta_{s(Lbl = \text{const})} = 1 + \cos^2\varphi_S \cdot (\vartheta_W - 1) \quad (70)$$

Für die Beurteilung von Netzverlusten ist also die Kenntnis der jährlichen Belastungsfaktoren, des Charakters des Leistungsverbrauchs, und die Veränderung des $\cos\varphi$ notwendig. An sich müßten diese Verhältnisse für die einzelnen Netzteile, wie Niederspannungskabel getrennt bekannt sein, da durch den Verschiedenheitsfaktor die Belastungsfaktoren in den Niederspannungsverteilungsleitungen, den Transformatoren und den Hochspannungsspeiseleitungen sehr verschieden sein können[1][2].

Wenn man von der Annahme ausgeht, daß die Verbraucher unter sich gleichartig sind, ergibt sich, daß die Belastungsfaktoren im selben Verhältnis höher werden, als sich der Verschiedenheitsfaktor ausgewirkt hat. Ausgehend vom Belastungsfaktor m in der Zentrale, wird also

der Belastungsfaktor in den Hochspannungsleitungen $\frac{m}{v_z} \cdot v_{l_h}$

» » » » Transformatoren $\frac{m}{v_z} \cdot v_{Tr}$

» » » » Niederspannungsverteilerleitungen $\frac{m}{v_z}$.

[1]) Dettmar, ETZ 1926, S. 33: »Über den Ausgleich der Einzelbelastungen bei Elektr.-Werken (Verschiedenheitsfaktor).«

[2]) Schnaus, ETZ 1931, S. 441: »Verschiedenheitsfaktor, Wahrscheinlichkeitstheorie und ihre Anwendung in elektrowirtschaftlichen Rechnungen.«

Damit können auch die jeweiligen Verluststundenzahlen errechnet werden.

Für Betriebe mit 9stündiger Arbeitszeit ohne durchlaufenden Leistungsanteil können sich günstigenfalls in der Zentrale Benutzungszeiten von 2000 bis 2500 h ergeben, für Betriebe mit 2 Schichten solche von 4000 bis 4500 h, für durchlaufende Betriebe Benutzungszeiten von etwa 8000 h pro Jahr.

Eine dem Verfasser bekannte Automobilfabrik hatte im Jahre 1929 eine Benutzungszeit der Jahresspitze bezogen auf die Zentrale von 1900 h. Ein chemischer Großbetrieb hatte in 4 aufeinanderfolgenden Jahren Benutzungszeiten von 6100, 5800, 7100, 6600 h. In diesen Zahlen spiegeln sich Konjunktur und teilweise gesteigerte Bautätigkeit wieder, die zu einer Verringerung der Benutzungsstunden führen. Für die Lichtbelastung in einem Großbetrieb, ergaben sich in 3 aufeinanderfolgenden Jahren Benutzungszeiten von 3200, 3400, 3750 h, wobei allerdings ein gewisser Verbrauch für Handwerkzeuge und kleinere Motoren enthalten ist.

In dem Bericht Nr. 42 der Sektion 3 zur zweiten Weltkraftkonferenz 1930 wurde die Beeinflussung des Belastungsfaktors der Elektrizitätswerke durch verschiedene Stromverbraucher untersucht. Die mitgeteilten Werte zeigen außerordentliche Unterschiede je nach den Arbeitsgewohnheiten der betreffenden Industriezweige. Die oben mitgeteilten Benutzungsstunden fügen sich zwanglos ein.

Man wird für überschlägige Rechnungen ohne genauere Kenntnis der Verbraucher sagen können, daß Einschichtbetriebe etwa 2000 und weniger Benutzungsstunden, bezogen auf die Zentrale, Zweischichtbetriebe etwa 4000 und weniger Benutzungsstunden und durchlaufende Betriebe etwa 7000 bis 7500 Benutzungsstunden und weniger haben werden. Je nachdem ein Teil des Betriebes auf Durcharbeit, ein anderer auf Tagesarbeit eingestellt ist, werden sich Zwischenwerte ergeben. Für genaue Rechnungen sind eingehende Erhebungen über die Arbeitsgewohnheiten unerläßlich. O. v. Miller rechnet in seinem Gutachten über die Reichselektrizitätsversorgung für das Jahr 1935 im Reichsdurchschnitt mit 3300 Benutzungsstunden der Jahresspitze.

Für Ein- und Zweischichtbetriebe wird entsprechend Gl. (67) die Verluststundenzahl h_{V_w} nur wenig kleiner als die Benutzungsstundenzahl sein. Für durchlaufende Betriebe mit hoher Benutzungsstundenzahl wird die Verluststundenzahl h_{V_w} sich etwa nach Gl. (68) errechnen[1]).

Bei großen durchlaufenden Betrieben kann nach Untersuchungen des Verfassers der $\cos\varphi$ als annähernd konstant angesehen werden. Das-

[1]) In der Wolfschen Arbeit sind wertvolle Zahlenreihen zur Errechnung der Verluststundenzahlen bei verschiedenen Belastungsfaktoren und Belastungskurven (Trögersche Konstanten) enthalten, die auch in dieser Arbeit benützt wurden.

selbe Ergebnis hatte eine Untersuchung in der bereits oben erwähnten Automobilfabrik.

Man wird deshalb bei großen durchlaufenden Betrieben auf maximal etwa $h_{V_s} = 6000$, bei Einschichtbetrieben auf etwa $h_{V_s} = 1000$ bis 1500 Verluststunden, bezogen auf die Zentrale, kommen.

Für städtische Verteilungen werden im allgemeinen Verluststundenzahlen, bezogen auf die Zentrale, zwischen $h_{V_s} = 1500$ und $h_{V_s} = 3000$, im Mittel $h_{V_s} = 2000$, in Frage kommen.

C. Sicherheit des Strombezuges.

Für das hier zu behandelnde Problem der Energieverteilung sind die Aufwendungen, die in den Erzeugerwerken für eine Sicherstellung des jeweiligen Leistungsverbrauches notwendig werden, ohne Belang. Dagegen müssen hier die Vorkehrungen, die eine Sicherung des konstanten Strombezugs bei Störungen im Netz wie Kurzschluß, Erdschluß, Reparaturarbeiten oder Neuanschluß von Abnehmern gewährleisten sollen, behandelt werden.

An sich ist eine Sicherung dauernder Energielieferung immer erwünscht. Die zu verantwortenden Aufwendungen werden sich jedoch nach den Werten richten müssen, die bei Stromausfall auf dem Spiele stehen. In Betrieben, die nicht während des ganzen Tages arbeiten oder die einen gewissen Stromausfall oder Abschaltung bei Reparaturarbeiten zulassen, werden nur geringe Aufwendungen gemacht werden. Unter Umständen genügt es, wenn ein Teil des Betriebs im Störungsfall weitergeführt werden kann. Dann wird die Aufteilung der Zuleitungen und der Transformatoren entsprechend gewählt werden, ohne daß eine eigentliche Reserve für die Spitzenleistung vorhanden ist. Oft wird die Zeit der Maximalbeanspruchung verhältnismäßig kurz sein, so daß sich schon aus diesem Grund für den Hauptteil des Tages oder Jahres eine gewisse Reserve ergibt. Häufig wird mindestens der Ausfall der Energiezufuhr für eine kurze Zeit, etwa bis zur Umschaltung auf ein anderes Leitungssystem, zulässig sein. Es gibt jedoch auch Fälle, in denen der Ausfall der gesamten Energielieferung keinesfalls eintreten darf, wenn nicht große wirtschaftliche Werte verlorengehen sollen. Das tritt z. B. bei gewissen chemischen Prozessen ein. Oft genügt hierbei die Aufrechterhaltung eines Teiles der Energiezufuhr, in manchen Fällen muß jedoch die gesamte Energiezufuhr ständig sichergestellt sein. Solche Bedingungen zwingen zum Einbau von Reservekabeln, Reservetransformatoren, auch Reserveschaltgeräten und Relaisschaltungen, die die sofortige Abtrennung des Fehlerteils bewirken.

Im Sinne unserer Wirtschaftlichkeitsberechnungen erscheinen diese Aufwendungen — wenn man von den das Bild nicht wesentlich beeinflussenden Mehrkosten der Relaisschaltungen absieht — als Bau der

Anlagen für eine größere Verteilungsleistung, also als Einhaltung eines Reservefaktors »*r*«. Dabei ist zu unterscheiden zwischen einem Betriebsreservefaktor und dem Reservefaktor im Sinne der Wirtschaftlichkeitsrechnung. Ein Niederspannungskabel kann z. B. an seiner Anschlußstrecke an die Unterstation mit maximal 66% belastet sein. Für diese Teilstrecke ist deshalb der Reservefaktor 1,5. Entferntere Teilstrecken desselben Kabels können bei gleichem Leitungsquerschnitt mit wesentlich geringeren Maximalleistungen belastet sein. Der mittlere Reservefaktor r_{ln} für das Kabel kann deshalb wesentlich höher als 1,5 werden, obwohl der Betriebsreservefaktor[1]) nur 1,5 bleibt und durch die Belastungsverhältnisse am Ende des Kabels nicht berührt wird (s. Kapitel III C).

Bei besonders hohen Ansprüchen an die Sicherheit der Energiebelieferung wird sogar die Speisung der Verbraucher von 2 Unterstationen oder der Unterstationen von 2 Zentralen aus für notwendig erachtet, so daß sich außer den Mehraufwendungen wegen der Zugrundelegung einer größeren Verteilerleistung auch Mehrlängen ergeben. Diese Anforderungen können ebenfalls durch Reservefaktoren gemäß Kapitel III C. ausgedrückt werden, deren Werte sich nach den örtlichen Verhältnissen richten. Solch weitgehende Sicherheitsmaßnahmen können jedoch meist durch Auftrennung der Zentralenleistung auf 2 Systeme und entsprechende elektrische Trennung der Systeme in den Unterstationen vermieden werden.

D. Wahl der Niederspannung.

Die Kosten für Transformatoren sind für alle Unterspannungen unter 1 kV praktisch gleich hoch, ebenso die Kosten der Unterstationsschaltgeräte für eine bestimmte Stromstärke, so daß sich die Unterstationsschalterkosten je kVA mit wachsender Niederspannung in gewissen, durch die Normierung der Stromstärken und die Kurzschlußabschaltleistung des Netzes bedingten Grenzen verringern. Als Ergebnis des Kapitels III darf wiederholt werden, daß auch die jährlichen Betriebskosten von Kabeln für je 1 kVA Übertragungsleistung auf eine bestimmte Entfernung mit wachsender Spannung niedriger werden. Mit Rücksicht auf die Energieverteilung selbst wäre es also zweckmäßig, die Niederspannung möglichst hoch zu wählen.

Die bei hoch gewählter Niederspannung in der Energieverteilung erreichten Vorteile dürfen jedoch nicht durch Nachteile bei den Verbrauchern aufgewogen werden. Als Verbraucher von Niederspannungs-

[1]) Rühle, »Die Verteilung elektrischer Energie in Absatzgebieten großer Konsumdichte mit besonderer Berücksichtigung von Groß-Berlin«. El. Wirtschaft 1926, Sonderheft.

energie kommen in Industrieanlagen Beleuchtungsanlagen, elektrische Heizungen und motorische Antriebe in Frage.

Für die günstigste Spannung in Verteilungsnetzen mit Lichtbelastung sind von W. Chrustschoff[1]) Gleichungen aufgestellt worden, in Abhängigkeit der Netzbelastungsdichte, der Energiekosten sowie der Benutzungsdauer des Netzes. W. Chrustschoff kommt dabei zu dem Ergebnis, daß für Netze großer Belastungsdichte mit Rücksicht auf die wesentliche Verringerung der Lichtausbeute und der Lebensdauer von 220-V-Glühlampen gegenüber von 110-V-Glühlampen meistens die Spannung 220 V unvorteilhaft sei. Tatsächlich bestehen in der Frage der Beleuchtungsspannung erhebliche Unterschiede zwischen den deutschen und amerikanischen Auffassungen. Während in Deutschland erhebliche Summen für die Umstellung von 110-V-Netzen auf 220 V ausgegeben werden, legen sich die Amerikaner erneut sowohl in städtischen als auch in industriellen Anlagen auf Lichtspannungen unter 120 V fest. Es wäre wohl der Mühe wert, dieser Frage weiter nachzugehen, doch muß es sich der Verfasser im Rahmen dieser Arbeit leider versagen. Mittels der in Kapitel V entwickelten Gleichungen kann die Zweckmäßigkeit von 110- oder 220-V-Netzen entschieden werden, indem man den Verbilligungen der Energieverteilung die Mehrkosten an Lampen gegenüberstellt. Chrustschoff macht die Entscheidung von der spezifischen maximalen Belastungsdichte abhängig. Für die spezifische maximale Belastungsdichte für die Beleuchtung großer Industrieanlagen sind dem Verfasser Werte von 2 bis 3 W/m² unter Einrechnung der Straßen bekannt. Das sind im Sinne von Chrustschoff Werte hoher Belastungsdichte. Einige Werte für Benutzungsdauern der Lichtspitze wurden im vorigen Abschnitt gegeben. In öffentlichen Netzen gehen die Ersparnisse in den Verteilungsnetzen bei 220 V und die Nachteile bei der Glühlampenbeschaffung und den Stromkosten zu Lasten verschiedener Konten, so daß sich für die Elektrizitätswerke das Risiko der Umstellung verringert, wenn sie nicht von volkswirtschaftlichen Erwägungen ausgehen. Oft wird angesichts der Notwendigkeit des Umtauschs vieler Gebrauchsgeräte und Glühlampen eine bessere Gliederung des Hochspannungsnetzes und eine Vermehrung der Unterstationszahl gemäß den Ergebnissen von Kapitel IX A günstiger sein.

Bei Industrieanlagen ist es notwendig, das Problem zusammen mit dem der Spannungswahl für die Niederspannungsmotoren zu betrachten. Auch wo eine Trennung des Lichtnetzes vom Kraftnetz als notwendig oder nicht wesentlich verteuernd erachtet wird, ist mit Rücksicht auf Spannungsreserve im Störungsfall die Möglichkeit der Kombination der Licht- und Kraftspannungen als Vorteil zu werten.

---

[1]) W. Chrustschoff, »Günstigste Spannung in Verteilungsnetzen mit Lichtbelastung«. ETZ Heft 21, 1930, S. 744.

Elektrische Heizungsanlagen sind zwar besonders für höhere Temperaturen im allgemeinen günstiger bei niedriger Spannung auszuführen. Sie vermögen jedoch im allgemeinen die Wahl der Niederspannung nicht zu beeinflussen.

Die motorischen Antriebe sind in Industriebetrieben im allgemeinen die hauptsächlichen Verbraucher von Niederspannungsenergie. Für sie kommen in Deutschland die normalisierten Spannungen 220 V, 380 V und 500 V in Frage. Gelegentlich wird auch die Frage der Einführung einer noch höheren Niederspannung, etwa von 750 V, diskutiert. Im folgenden soll untersucht werden, wie sich die verschiedenen Spannungen bei Motorinstallationen auswirken, und zwar:

1. beim Motor selbst,
2. beim Berührungsschutz,
3. beim Motorschaltgerät,
4. bei der Gesamtinstallation einschließlich der Zuleitungen.

Zu 1. Die Motoren setzen einer Erhöhung der Niederspannung nur bei kleinen Leistungen Schwierigkeiten entgegen. Bei Leistungen unter etwa 1 kW wirken sich erhöhter Wickelraumverlust und kleine Leiterquerschnitte bereits bei 500 V unangenehm aus, bei höheren Spannungen auch bei entsprechend größeren Leistungen. Die Preise der 380-V- und 500-V-Motoren sind im allgemeinen gleich. Für höhere Spannungen werden Mehrpreise berechnet.

Zu 2. Die zum Schutz gegen gefährliche Berührungsspannungen notwendigen Maßnahmen müssen mit wachsender Spannung verstärkt werden. Dies hat die amerikanische Großindustrie teilweise (z. B. U. S. Steel Corporation) zur Festlegung einer maximalen Niederspannung von 220 V veranlaßt. Nach den Erfahrungen des Verfassers könnten jedoch Netze großer Industrieanlagen, die im allgemeinen vermöge der im Erdboden verlegten Wasser- und Gasleitungen über gute Erdungsverhältnisse verfügen, auch bei 750 V Drehstrom mit den üblichen Schutzmaßnahmen beherrscht werden.

Zu 3. Einen wesentlichen Einfluß auf die Wahl der Spannung hat das Motorschaltgerät und die Art seiner Verwendung. Es soll die für große Industriebetriebe entweder verwirklichte oder mindestens anzustrebende Voraussetzung gemacht werden, daß es sich hauptsächlich und für alle Leistungen um direkt einzuschaltende Kurzschlußläufermotoren handelt.

Dem Motorschaltgerät stehen zunächst 3 Aufgaben zu, die Kontaktgabe, der Überlastungsschutz und der Kurzschlußschutz. Die Kontaktgabe kann von Hand oder mittels Druckknopfs erfolgen. Der Überlastungsschutz für Motoren wird allgemein durch Überstromauslöser versehen, deren Auslösecharakteristik in Abhängigkeit der Stromstärke eine Überlastung des Motors nicht zulassen soll. Den Haupteinfluß auf die

Bauform des Schalters hat die Frage, inwieweit ihm die Fähigkeit der Kurzschlußabschaltung zugemutet wird, da normale einfache Schaltgeräte im allgemeinen nur den 20- bis 50fachen Motornennstrom abzuschalten vermögen. Die in großen industriellen Anlagen teilweise vorkommenden Kurzschlußströme überschreiten jedoch diese Größenordnung bei weitem und erreichen Werte von 30000 bis 40000 A.

Motorschaltgeräte hoher Kurzschlußabschaltleistung können im wesentlichen nach folgenden Richtlinien gebaut werden:

a) als Ölschalter hoher Schaltgeschwindigkeit. Damit sind unter Einhaltung zweckmäßiger Bauformen Schaltleistungen von etwa 15000 A bei 500 V erreichbar. Ihr Nachteil ist der verhältnismäßig hohe Preis der Schaltgeräte niedriger und mittlerer Nennstromstärke und oft ungenügende Abschaltleistung.

b) als Ölschalter hoher Abschaltleistung mit Einrichtungen zur Drosselung des Kurzschlußstromes im Abschaltmoment. Bei Nennstromstärken unter 10 A genügt oft der Widerstand in den Auslöserspulen zu einer ausreichenden Begrenzung des Stroms. Bei Nennstromstärken von 100 und 200 A ergeben sich bei geeigneter Bauform wirtschaftliche Lösungen, dagegen nicht bei Nennstromstärken zwischen 10 und 100 A.

c) als Luftschalter mit kräftigen Blasspulen in offener oder gekapselter Bauform. Die offenen Luftschalter erreichen nach Angaben einer Großfirma bei 350 A Nennstrom Abschaltleistungen von 20000 A bei 380 V und $\cos \varphi = 0{,}6$ bis 0,8. Bei kleineren Nennstromstärken und 380 V geht die Abschaltleistung auf 10000 A bis 15000 A zurück. Bei 500 V sinken die Abschaltströme auf 14000 bzw. 7000 A bis 10000 A, bei 750 V auf 5000 bzw. 2500 A. Die Abschaltleistungen der offenen Luftschalter sind also besonders für höhere Spannungen als 380 V für viele Fälle ungenügend, außerdem stellen sie an ihren Aufstellungsort Ansprüche, die meist nicht ohne Zurückstellung anderer wirtschaftlicher Gesichtspunkte erfüllt werden können. In gekapselter Bauform sind die zur Zeit von einer Großfirma garantierten Abschaltströme bei 380 V 16000 bzw. 8000 A, bei 500 V 10000 bzw. 5000 A, bei 750 V 5000 bzw. 2500 A. Auch wo die zulässige Kurzschlußabschaltleistung ausreichend ist, besteht der Nachteil des hohen Preises dieser Schaltgeräte für kleine Nennstromstärken.

d) Weiter kommt die Trennung der Kurzschlußabschaltung vom Motorschutzschalter und deren Übertragung an eine Schmelzsicherung in Frage. Nachdem der Verfasser in Zusammenarbeit mit verschiedenen Elektrofirmen in den Jahren 1927 und 1928 die wirtschaftliche Lösung des Motorschaltproblems unter Anstrebung hoher Kurzschlußabschaltleistung versucht hatte, veranlaßten ihn, Eindrücke einer im Winter 1928/29 ausgeführten Amerikareise zur Untersuchung der Kurzschlußabschaltleistung von Schmelzsicherungen, um den Motorschutzschalter von der Notwendigkeit der Kurzschlußabschaltung zu entlasten. Durch zweckmäßige Ausbildung der Überstromauslöser können nämlich die Auslösezeiten von Sicherung und Auslöser so gestaffelt werden, daß über einer für das Schaltgerät noch tragbaren Grenze die Sicherung die Abschaltung übernimmt, während alle im Bereich der Motorüberlastung liegenden Abschaltungen vom Schaltgerät unter Schonung der Sicherung übernommen werden. Damit wird das Durchgehen der Sicherung ein Ausnahmefall und somit betrieblich erträglich. Eine solche Verwendung von Schmelzsicherungen ist auch in Deutschland vor dem Jahre 1928 empfohlen und durchgeführt worden, jedoch fehlte es an systematischen Versuchen zur Feststellung der Abschaltleistung von Schmelzsicherungen. Im Werk Ludwigshafen a. Rh. der I. G. Farbenindustrie wurden deshalb auf Veranlassung des Verfassers und im Verein mit der Firma Voigt & Haeffner A.-G.[1]) in Frankfurt a. M., im Juni 1929 Schmelzsicherungen aller Nennstromstärken zwischen 15 und 200 A bei 500 V Drehstrom, 50 Hz, auf ihre Abschaltsicherheit bei großen Kurzschlußleistungen geprüft[2]). An der Kurzschlußstelle wurden ohne Schmelzsicherungen Kurzschlußströme von 25000 A oszillographisch gemessen. Bei Einbau von normalen Sicherungspatronen für 500 V und Nennstromstärken unter 60 A wurden Kurzschlußströme von nur etwa 3000 A bei einer Abschmelzzeit von etwa $^1/_{1000}$ s, bei Einbau von 500 V Sicherungspatronen für 100 bis 200 A Nennstrom Kurzschlußströme von etwa 6000 bis 7000 A und Abschmelzzeiten von etwa $^1/_{100}$ bis $^1/_{500}$ s erreicht. Ernstliche Schwierigkeiten traten bei den Versuchen an den V. & H.-Patronen nicht auf, dagegen zeigten andere Fabrikate wesentlich geringere Abschaltsicherheit bei großen Kurzschlußleistungen. Durch die Versuche wurde bewiesen, daß es möglich sein muß, kurzschlußfeste Sicherungspatronen der üblichen Bauart für 500 V Wechselstrom zur Verwendung in Netzen mit 30000 A Kurzschlußstromstärke zu bauen. Diese und später in Ludwigshafen a. Rh. und an anderen Stellen wiederholte Versuche hatten einen wesentlichen Einfluß auf die Schaffung der sogenannten halbträgen Sicherungspatronen für 500 V Betriebsspannung, die nunmehr von verschiedenen Firmen gebaut werden, insbesondere von Voigt & Haeffner und SSW. Sicherungspatronen für höhere Wechselspannungen als 500 V erhalten bei derselben Kurzschlußfestigkeit etwas größere Baulängen und sind auch teuerer als solche für 500 V[3]).

Geeignete billige Motorschaltgeräte sind in der Zwischenzeit ebenfalls auf dem Markt erschienen, so daß sich nach den jetzigen Markt-

[1]) Der Verfasser möchte auch an dieser Stelle seinen Dank für die rasche und liebenswürdige Unterstützung durch obige Firma zum Ausdruck bringen.

[2]) Siehe auch VDE-Fachberichte der Jahresversammlung 1931 in Frankfurt a. M.

[3]) Die Bemessung der Abzweigsicherungen ist von H. Koch für direkt eingeschaltete Kurzschlußläufermotoren unter besonderer Berücksichtigung eines genügenden Leitungsschutzes untersucht worden. H. Koch, »Beitrag zur Förderung der Verwendung von Kurzschlußläufermotoren in Deutschland«. Mitteilungen des Elektrotechn. Vereins Mannheim-Ludwigshafen 1930, Heft 10 und 11.

preisen (Anfang 1931) unter Zugrundelegung einer Kurzschlußstromstärke von 15000 A für die Spannungen 380 V und 500 V folgende Preisstellungen für Motorschaltgeräte der verschiedenen unter Ziffer a) bis d) erläuterten Prinzipien ergeben:

Aufstellung 6.

Nennstromstärke	Ölschalter hoher Abschaltleistung nach a)	Ölschalter hoher Abschaltleistung mit Drosseleinrichtung nach b)	Luftschalter Bauart nach c)		Motorschalter kleiner Abschaltleistung + Sicherungskasten nach d)
			offen	gekapselt	
A	Preis RM.	Preis RM.	Preis RM.	Preis RM.	Preis RM.
15	80	80	250	300	55
25	250	220	250	300	85
40	250	220	250	300	115
60	250	220	250	300	150
100	350	320	250	300	220
200	450	400	280	400	350
350	600	500	450	500	500

Nach obiger Aufstellung darf man wohl das Motorschutzproblem für Industrieanlagen mit großen Kurzschlußleistungen über etwa 10000 A in dem Sinn als gelöst betrachten, daß Kontaktabgabe und Überlastungsschutz einem Motorschutzschalter, der Kurzschlußschutz einer Schmelzsicherung zugewiesen wird. Solche Apparate sind bis 500 V Drehstrom erhältlich. Für höhere Spannungen, etwa 750 V müßten neue Apparate entwickelt werden. Ihre Kosten würden sicher wesentlich höher sein als die für 500-V-Apparate, da der Hauptabsatz an Motorschaltgeräten immer bei Spannungen unter 500 V liegen wird.

Zu 4. Das übliche Leitungsmaterial, mit Ausnahme der kabelähnlichen Leitungen, die vorläufig nur bis 380 V Betriebsspannung zugelassen sind, bietet einer Erhöhung der Betriebsspannung auf 500 V oder 750 V keine Schwierigkeiten. Es ist jedoch zu beachten, daß aus mechanischen Gründen gewisse Mindestquerschnitte (meist 1,5 mm², teilweise sogar 2,5 mm²) zum Anschluß von Motoren gewählt werden müssen. Desgleichen ergeben sich durch die Fabrikation von Sicherungs- und Schaltmaterial nach bestimmten Nennstromstärken Sprünge in den aufzuwendenden Kosten. Dadurch werden bei Motorleistungen unter etwa 12,5 kW mit höheren Betriebsspannungen als 380 V keine nennenswerten Vorteile erzielt.

Durch die Normierung der Nennstromstärken von Leitungen, Verteilermaterial und Schaltgeräten ergibt sich in Abhängigkeit der Motorleistung eine Art Treppenkurve für die gesamten Anschlußkosten, die natürlich von der Länge der Anschlußleitung abhängig ist. Bei 500 V Betriebsspannung werden gegenüber von 380 V Ersparnisse erzielt, für die jedoch eine allgemeine Gesetzmäßigkeit etwa in Abhängigkeit der Motorleistung nicht aufgestellt werden kann. Die Ersparnisse schwanken bei 30 m Anschlußleitung zwischen 0 und 40% je nach Motorleistung. Zur Errechnung der Ersparnisse müssen demnach die genauen Motorleistungen bekannt sein. Zu beachten ist hierbei, daß sich die Ersparnisse in den Motorinstallationen nach den installierten Leistungen richten, während sich die Ersparnisse in den Verteilerleitungen nach dem maximalen Leistungsverbrauch errechnen.

Nach obigen Ausführungen kommt man zu folgender Zusammenfassung der für die Wahl der Niederspannung in industriellen Anlagen mit Rücksicht auf die Energieverbraucher zu beachtenden Gesichtspunkte:

Die Wahl der Beleuchtungsspannung ist in Verbindung mit der Niederspannung für Kraft zu untersuchen. Auch wenn eine Trennung des Licht- und Kraftnetzes zweckmäßig ist, hat die Kombinationsfähigkeit der Spannungen für die Spannungsreserve in Störungsfällen Bedeutung. Es mußte im Rahmen dieser Arbeit auf eine weitere zahlenmäßige Untersuchung der für 110 V oder 220 V Beleuchtungsspannung sprechenden Vor- und Nachteile verzichtet werden.

Die Wahl von 500 V Drehstrom als Niederspannung für Kraft bringt gegenüber von 380 V bei einzelnen Motorleistungen Ersparnisse, die naturgemäß von den mittleren Leitungslängen abhängen. Bei den am häufigsten vorkommenden Motorleistungen unter 12,5 kW ergeben sich bei 500 V jedoch praktisch keine Minderkosten, bei größeren Motorleistungen schwanken sie je nach Motorleistung zwischen 0 und 40%, bei 30 m mittlerer Länge der Abzweigleitungen. Eine mathematisch ausdrückbare Gesetzmäßigkeit für die Minderkosten bei 500 V ist nicht vorhanden, vielmehr müssen sie für die einzelnen Motorleistungen errechnet werden. Als Nachteil von 500 V ist zu werten, daß eine Kombination der Licht- und Kraftnetze ausscheidet. Die Spannung 500 V wird daher als Niederspannung für Kraft — gesehen vom Verbraucher aus — nur Vorteile bringen, wenn die Kombinationsfähigkeit mit der Lichtspannung gering zu werten und eine große Anzahl von Motoren von mehr als 12,5 kW Leistung anzuschließen ist. Eine Erhöhung der Niederspannung für Kraft über 500 V, also z. B. auf 750 V kann aus folgenden Gründen nicht empfohlen werden: Wesentliche Verteuerung von Schaltgeräten und Sicherungen bei entsprechender Kurzschlußfestigkeit, herabgesetzte Betriebssicherheit bei Motoren unter 2 kW, keine nennenswerten Ersparnisse bei Motoren unter etwa 12,5 kW, Normalisierung der Spannungen 380 V und 500 V. Diesen Nachteilen gegenüber sind die sich in der eigentlichen Energieverteilung ergebenden Ersparnisse nicht groß genug, wenn nur die Zahl der Unterstationen entsprechend Kapitel V und IX A gewählt wird.

Außerdeutsche Länder haben teilweise andere Spannungswerte normiert; z. B. sind in USA. 220, 440 und 500 V festgelegt. Dort werden die bei 500 V möglichen Ersparnisse noch geringer sein als bei uns, so daß die von den Elektrofirmen durchgeführte Einstellung auf die Grundspannungen 220 V und 440 V im allgemeinen zu der Wahl von 440 V führen wird, wenn nicht Gründe außerhalb der wirtschaftlichen Überlegungen zu der Wahl von 220 V zwingen.

E. Wahl der Hochspannung und wirtschaftliche Grenzleistungen zwischen Niederspannungs- und Hochspannungsmotoren.

Überwiegend handelt es sich bei Hochspannungsverbrauchern (s. a. Kapitel VI C) um Motoren größerer Leistung, auf die die folgenden Überlegungen beschränkt bleiben sollen.

Motoren unter 80 bis 100 kW Leistung können im allgemeinen ohne wesentliche wirtschaftliche Nachteile an Niederspannung angeschlossen werden; wenn größere Leistungen nur vereinzelt auftreten, auch diese. In solchen Fällen ist man in der Wahl der Verteilerhochspannung frei.

Wenn jedoch eine große Zahl von Motoren mit über etwa 100 kW Leistung zu speisen ist, so muß bei der Wahl der Verteiler-Hochspannung auf sie Rücksicht genommen werden. Beim Anschluß an Niederspannung müssen die Kosten für folgende Einrichtungen zum Vergleich mit Hochspannungsanschluß herangezogen werden:

1. Die anteilige Transformatorleistung einschließlich Bau- und Schaltgerät,
2. der Anteil an den Niederspannungsabzweigzellen,
3. der Anteil an der Zuleitung von der Unterstation zum Aufstellungsort,
4. der Motoranschluß, enthaltend Abzweigkasten, Abzweigsicherung, Abzweigleitung, Schaltgerät.

Beim Anschluß von Motoren an Hochspannung müssen demgegenüber die Kosten der folgenden Einrichtungen beim Vergleich mit Niederspannungsanschluß berücksichtigt werden:

1. Der Anteil an der Hochspannungsabzweigzelle,
2. der Anteil an der Zuleitung von der Unterstation zum Motor,
3. das Motorschaltgerät,
4. der Mehrpreis des Hochspannungsmotors gegenüber einem Niespannungsmotor der gleichen Leistung und Drehzahl.

Die Anlagekosten von Transformatoren je kVA sind von ihrer Leistung abhängig, und können aus Kapitel II A (Abb. 1) ermittelt werden. Für eine Niederspannungsabzweigzelle kann je 1 kVA Durchgangsleistung bei 380 V ein Preis von etwa RM. 6,50, bei 500 V ein Preis von etwa RM. 5,— angenommen werden. Die Zuleitungskosten je kVA und km ergeben sich aus Kapitel III D, unter Einrechnung des Verschiedenheitsfaktors und der notwendigen Kabelreserve (Einfach- oder Doppelspeisung). Im letzteren Falle sind auch die anteiligen Kosten an den Niederspannungsabzweigzellen zu verdoppeln.

Bei Anschluß von Motoren an Hochspannung tritt die Ausnützung der mit Rücksicht auf thermische Sicherheit im Kurzschluß zu wählenden Kabelmindestquerschnitte in den Vordergrund. Schon bei 3 kV lassen sich bei nur 3 × 25 mm² Kabelquerschnitt 450 bis 500 kVA, bei 6 kV 900 bis 1000 kVA übertragen. Da solch große Motoren immerhin selten sind, muß versucht werden, durch Anschluß vieler Motoren an das gleiche Kabel die Kapazität der Hochspannungszelle und des Kabels auszunützen, wenn auch zur Einhaltung einer genügenden Sicherheit dann oft doppelte Speisung notwendig wird.

Für solche Verhältnisse eignen sich besonders die sogenannten Ringkabelschalter[1]), die ursprünglich für Zwecke der chemischen Großindustrie entwickelt worden sind und sich hier bestens bewährt haben.

Mit diesen Schaltgeräten kostet ein kVA Hochspannungszelle einschließlich Bauanteil bei 3 kV etwa RM. 1,8, bei 6 kV etwa RM. 1,—, wobei mit einer nur etwa 80proz. Ausnützung der Zellen gerechnet ist. Bei doppelter Speisung sind die Kosten zu verdoppeln. Wenn nur einzelne, mit anderen Motoren nicht zweckmäßig zu kombinierende Motoren anzuschließen sind, empfiehlt sich die Unterbringung der Motorschalter in der Unterstation und Anwendung der Fernsteuerung, so daß der Anteil an der Hochspannungsabzweigzelle wegfällt. Die Kosten der Einzelfernsteuerung werden bei den als Grenzleistungen für Niederspannung oder Hochspannung in Frage kommenden Leistungen die obere Grenze, die Kosten der Ringspeisung vieler Motoren bei voller Kabelausnützung, die untere Grenze der bei Anschluß an Hochspannung in Frage kommenden Kosten bilden.

Die Kosten der Motorschaltgeräte können bei 3 kV zu etwa RM. 1500 bis 2000, bei 6 kV zu etwa RM. 1800 bis 2200 angenommen werden, bei Fernsteuerung einschließlich Zubehör zu RM. 2200 bzw. 3000. Die anteiligen Zuleitungskosten je 1 kVA und km beim Ringsystem können unter Berücksichtigung des Verschiedenheitsfaktors für die Spannungen 3 kV und 6 kV aus Kapitel III D ermittelt werden. Für Fernsteuerung einzelner Motoren ergeben sich in großem Bereich unabhängig von der Motorleistung praktisch die gleichen Kosten. Die Berücksichtigung der Verluste und der meist für Hoch- und Niederspannung verschiedenen Strompreise wirken zugunsten des Anschlusses an Hochspannung.

Die Mehrpreise von Hochspannungsmotoren gegenüber Niederspannungsmotoren ändern sich nur verhältnismäßig wenig mit Änderung von Leistung und Drehzahl. Sie wirken sich daher besonders bei kleinen Motorleistungen aus. Eine allgemeine Gesetzmäßigkeit besteht bei den verschiedenen Kalkulationsmethoden verschiedener Firmen oder der

---

[1]) Zu beziehen durch die Firmen BBC-Mannheim und Voigt & Haeffner, Frankfurt.

gleichen Firma bei verschiedenen Modellen nicht. Die absolute Größenordnung des Mehrpreises gegenüber Niederspannungsmotoren schwankt bei 3 kV und allen Motorleistungen zwischen RM. 500 und 1000, bei 6-kV-Motoren zwischen RM. 1000 und 2500.

Die Anschlußkosten von Niederspannungsmotoren steigen mit wachsender Leistung und Entfernung von der Unterstation und besonders bei Ringspeisung stark an. Die Anschlußkosten von Hochspannungsmotoren beginnen bei höheren Werten, steigen jedoch mit wachsender Leistung weniger stark an, so daß sich wirtschaftliche Grenzleistungen zwischen Hoch- und Niederspannungsanschluß ergeben. Die Grenzleistungen sind nicht starr festlegbar. Sie hängen vielmehr von der Art der Speisung der Motoren und von der Entfernung von der Unterstation ab. Bei größer werdender Entfernung von der Unterstation erniedrigt sich die wirtschaftliche Grenzleistung, besonders wenn sich eine volle Ausnützung des Hochspannungszuleitungskabels ermögen läßt.

Die wirtschaftlichen Grenzleistungen zwischen Hoch- und Niederspannungsmotoren bewegen sich etwa in den aus Anlage (IV) ersichtlichen Grenzen.

Bei 500 V Niederspannung an Stelle von 380 V werden besonders die Grenzleistungen für Hochspannungsringanschluß erhöht. In verstärktem Maße trifft dies für 6 kV zu. Bei 6 kV werden besonders die Anschlußkosten ferngesteuerter Motoren unter 200 kW wesentlich höher als bei 3 kV. Bei einer noch höheren Spannung, also z. B. 10 kV, würde die Gefahr mangelhafter Ausnützung der Kabelmindestquerschnitte noch größer als bei 3 kV und 6 kV. Die Preise der Motoren würden gegenüber 6 kV um weitere RM. 2000 bis 5000 erhöht. Damit würden gegenüber 3 kV und 6 kV bei allen Leistungen unter 500 kW und Entfernungen unter 400 m von der Unterstation wesentliche Mehraufwendungen eintreten, abgesehen von der Verschlechterung der Betriebssicherheit der Motoren selbst. Eine Erhöhung der Spannung von 3 kV auf 6 kV hat also für alle Motoren unter 200 bis 300 kW, von 6 kV auf 10 kV für alle Motoren unter 500 bis 600 kW wirtschaftliche Nachteile bei den Verbrauchern zur Folge, die bei der Spannungswahl zu berücksichtigen sind.

IX. Zusammenfassung der Rechnungsergebnisse in ihrer Auswirkung auf die wirtschaftlichen Größen von Kabelnetzen.

Die in den vorstehenden Kapiteln entwickelte neue Berechnungsweise für eine wirtschaftliche Energieverteilung in Kabelnetzen stellt Beziehungen her, die sich für beliebig gestaltete Netzformen eignen. Sie eliminiert aus der Wirtschaftlichkeitsberechnung den Spannungsabfall im Niederspannungsnetz und baut sich ausschließlich auf den spezifischen

Kostenwerten, bei Kabeln z. B. den Anlage- und Betriebskosten je kVA maximaler Übertragungsleistung und km in Abhängigkeit der Spannung, bei Unterstationen je kVA maximaler Durchgangsleistung in Abhängigkeit von Transformatorzahl je Station und Spannung auf. Durch diese neuartige Berechnungsweise ergeben sich interessante Beziehungen, die zu einer wesentlich billigeren Ausgestaltung von Netzen führen können, als sie sich nach anderen Rechnungsmethoden ergeben würde. Wesentliche Bedeutung haben hierfür die Ausdrücke für die wirtschaftliche Unterstationszahl, die wirtschaftliche Netzgröße bei gegebener Spannung und die Anlage- und jährlichen Betriebskosten von wirtschaftlich ausgeführten Kabelnetzen in Abhängigkeit der Netzgestaltung und Flächenstromdichte. Diese Beziehungen werden in den drei folgenden Abschnitten zusammenfassend nochmals kurz behandelt.

A. Wirtschaftliche Unterstationszahl.

Ausgehend von einem quadratisch aufgebauten Netz war es möglich, für die wirtschaftliche Unterstationszahl eines Zweispannungsnetzes je km² die folgende näherungsweise gültige Beziehung abzuleiten:

$$X_0 = \sqrt[3]{\frac{J_F^2 \cdot k_{l_{n_J}}^2}{16\left[\Theta \cdot k_{Tr_1}(U_h^2 + \delta_1) + K_{x_{f_J}} + \Theta \cdot k_{Tr_{V_1}}\right]^2}} \quad . \quad . \quad (26)$$

Sie errechnet sich demnach aus der Flächendichte J_F der maximalen Energieentnahme in den Niederspannungsverteilerkabeln in kVA/km², den jährlichen Betriebskosten $k_{l_{n_J}}$ je kVA maximaler Übertragungsleistung und km für die Niederspannungskabel bei der gewählten Spannung sowie den leistungsunabhängigen Kosten einer Unterstation, die durch den Klammerausdruck im Nenner dargestellt werden. Die Gl. (26) kam zustande durch Vernachlässigung einiger Glieder einer genauen Gl. (25), die eine Abhängigkeit von der maximalen Leistungsaufnahme *La* der Einzelverbraucher, die örtlich mit Unterstationen zusammenfallen, sowie der spezifischen Hochspannungskabelkosten und der Netzausdehnung enthalten. Für eine angenäherte Berechnung der wirtschaftlichen Unterstationszahl spielen die Hochspannungskabelkosten, die Netzabmessungen und die Größe der Einzelverbraucherleistung eine untergeordnete Rolle. Mit Hilfe des Näherungswertes kann der genaue Wert für die wirtschaftliche Unterstationszahl durch probeweises Einsetzen in die genaue Gleichung ermittelt werden.

Mit Gl. (26) kann — unabhängig von einer überlagerten Verteilerhochspannung — auch die wirtschaftliche Zahl von Mittelspannungsstationen eines Dreispannungsnetzes bestimmt werden, während sich für die Zahl von Hochspannungsstationen eines Dreispannungsnetzes je km² folgende Beziehung herleiten läßt:

$$X_{h_0} = \sqrt[3]{\frac{J_F^2 \cdot k_{l_{m_J}}^{\;2}}{16 \cdot v_{l_m}^{\;2} \left(\Theta_h \cdot k_{Tr_{h_1}} (U_h^2 + \delta_{h_1}) + K_{x_{f_{J_h}}} + \Theta_h \cdot k_{Tr_{V_{h_1}}}\right)^2}} \quad . \quad (35)$$

Die Gl. (35) zeigt große Ähnlichkeit mit Gl. (26). An Stelle der Flächendichte J_F im Niederspannungsnetz ist die Flächendichte $\left(\frac{J_F}{v_{l_m}}\right)$ im Mittelspannungskabelnetz, sowie die spezifischen Jahreskosten für die Mittelspannungskabel $k_{l_{m_J}}$ an Stelle von $k_{l_{n_J}}$ für die Niederspannungskabel getreten. Auch die Gl. (35) ergibt sich durch Vernachlässigung zweier die direkte Speisung von Mittelspannungsstationen durch örtlich damit zusammenfallende Hochspannungsstationen, sowie die Hochspannungskabelkosten und die Netzgröße kennzeichnender Faktoren der Gl. (34).

In späteren, die Verteilung in rechteckig aufgebauten Netzen sowie in städtischen Gebäudeblocks betreffenden Untersuchungen wurde die Gültigkeit der Gl. (26) und (35) auch für solche Netze bestätigt.

Bei der Berechnung eines beliebig gestalteten Netzes unterteilt man demnach dieses zunächst in beliebig gestaltete Teilgebiete mit annähernd gleicher Flächendichte der maximalen Energieentnahme im Niederspannungsnetz, und bestimmt diese entweder als Summe der an den Niederspannungsverteilerleitungen abzweigenden gleichzeitigen maximalen Leistungsverbrauchszahlen bezogen auf 1 km², oder von der Zentralenleistung aus mittels des auf die Niederspannungsleitungen bezüglichen Verschiedenheitsfaktors v_z (s. VIII A). Sodann entscheidet man sich über die Art der Energieverteilung. Bei kleinen Flächendichten unter etwa $J_F = 4000$ bis 8000 kVA/km² wird die Auslegung als unvermaschtes Netz mit Anschluß der je Station einzeln aufgestellten Transformatoren über Hochspannungssicherungen im Vordergrund stehen. Bei höheren Flächendichten wird entweder ein vermaschtesNetz mit direktem Anschluß der Transformatoren an die Hochspannungsverteilerkabel und Rückwattschaltern auf der Niederspannungsseite, oder ein unvermaschtes Netz mit Ringkabelschaltern auf der Hochspannungsseite in Frage kommen, letzteres besonders, wenn sich die wirtschaftliche Verteilerspannung unter 10 kV halten läßt. Je nach der damit festgelegten Stationsausführung werden die leistungsunabhängigen Anlage- und Betriebskosten einer Unterstation (Nennerausdruck in Gl. (26) und (35)) gemäß den in Kapitel II C angegebenen Methoden bestimmt. Im Zusammenhang damit steht die Ermittlung der Reservefaktoren für die Niederspannungskabel (Kapitel III C), welche zur Errechnung der spezifischen Niederspannungskabelkosten $k_{l_{n_J}}$ notwendig sind. Damit kann die wirtschaftliche Unterstationszahl angenähert bestimmt werden. Man wird sich nicht absolut an die so bestimmte Zahl zu halten brauchen, vielmehr wird man sie innerhalb der Grenzen von 10 bis 20% so verändern, daß sich eine möglichst symmetrische und zwanglose Verteilung ergibt, ohne daß nach Kapitel VI E dadurch eine wesentliche Erhöhung der Anlage- und Betriebskosten eintreten würde.

Die Abb. 10 zeigt die Abhängigkeit der wirtschaftlichen Unterstationszahl X_0 je km² für ein Zweispannungsnetz in Abhängigkeit von der niederspannungsnetzseitigen Flächendichte J_F für verschiedene Stationsausführungen und Spannungen. Die größte wirtschaftliche Unterstationszahl — bei nur geringer Abhängigkeit von der Verteilerhochspannung — ergibt sich bei Verwendung von Hochspannungssicherungen, sodann folgt die wirtschaftliche Unterstationszahl für Maschennetzstationen. Die wirtschaftliche Unterstationszahl bei hochspannungsseitiger Anordnung von Ölschaltern ist wesentlich abhängig von der Oberspannung, da sich mit dieser die leistungsunabhängigen Kosten einer Unterstation wesentlich erhöhen. Die gezeichneten Kurven beziehen sich auf eine Niederspannung von 380 V. Bei 110 V werden die wirtschaftlichen Unterstationszahlen bei allen Netzausführungen ziemlich genau doppelt so hoch, bei 220 V um 25 bis 30% höher als bei 380 V. Die wirtschaftliche Zahl von Mittelspannungsstationen je km² eines Dreispannungsnetzes ergibt sich ebenfalls aus Abb. 10, unabhängig von der Verteilerhochspannung, je nach der Stationsausführung und der Spannung 3 oder 6 kV.

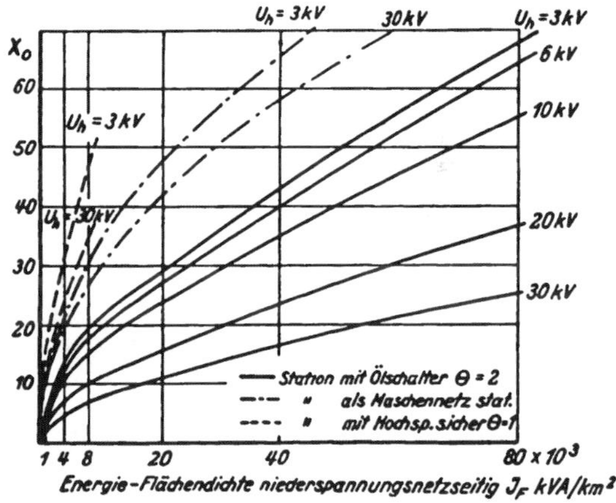

Abb. 10. Wirtschaftliche Unterstationszahl X_0 je km² fur Zweispannungsnetze in Abhängigkeit der Energieflächendichte J_F für $U_n = 380$ V, $h_{v_s} = 2000$, Kabelverlegung in Schotter- oder Pflasterstraße.

Die wirtschaftliche Zahl von Hochspannungsstationen X_{h0} hängt indirekt auch etwas von der Zahl von Mittelspannungsstationen ab, indem durch diese der Reservefaktor für die Mittelspannungskabel beeinflußt wird. In Abb. 11 ist X_{h0} in Abhängigkeit der Flächendichte für die Verteilerhochspannungen 10, 20 und 30 kV aufgezeichnet. Für die Hochspannungsstationen wurde einheitlich die Aufstellung von 2 Betriebstransformatoren mit Ölschalteranschluß vorausgesetzt, während für die Mittelspannungsstationen nach der Stationsausführung mit Ölschaltern $\Theta = 2$, oder vermascht $\Theta = 1$, bzw. mit Hochspannungssiche-

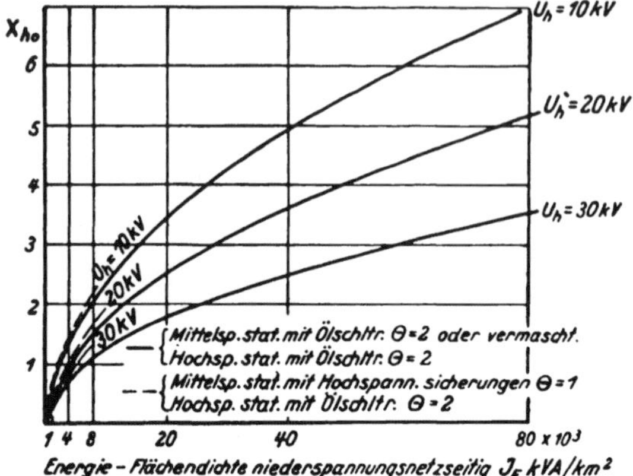

Abb. 11. Wirtschaftliche Zahl von Hochspannungsstationen eines Dreispannungsnetzes je km² in Abhängigkeit der Energieflächendichte J_F für $U_n = 380$ V, $U_m = 6$ kV, $h\nu_s = 2000$, Kabelverlegung in Schotter- oder Pflasterstraße.

rungen $\Theta = 1$ unterschieden wird.

In den bisherigen Veröffentlichungen verschiedener Verfasser hat die Stationsausführung und die Oberspannung im Gegensatz zu den Ermittlungen des Verfassers, nach welchen diesen eine entscheidende Bedeutung zukommt, keine Rolle gespielt. In einem Aufsatz von O. Burger[1]) ist beispielsweise die folgende Aufstellung 7 zur Berechnung der Anzahl der Unterstationen je km² enthalten:

Aufstellung 7.

Anzahl der Unterstationen je km² nach Burger.

Leitungsquerschnitt mm²	Anzahl der Stationen bei 110 V	220 V	380 V	Flächenbelastung J_F für alle 3 Spannungen in kVA/km²
50	18	4	1,4	4000
95	11	3	0,9	4600
150	9	2	0,7	5400
240	7	2	0,63	6700

Da Burger vom Spannungsabfall im Niederspannungsnetz ausgeht, ergibt sich notwendigerweise bei ihm eine Abhängigkeit vom verlegten Kabelquerschnitt, welche sogar bemerkenswerterweise dazu führt, daß sich bei einer Steigerung der Flächendichte kleinere Unterstationszahlen ergeben. Nach den Methoden des Verfassers ergibt sich eine entscheidende Abhängigkeit von der Stationsausführung und der Oberspannung Die absoluten Zahlenwerte sind für alle Stationsausführungen und Spannungen wesentlich höher als die von Burger, für 380 V z. B. nach Abb. 10 bis zu 30mal so hoch als bei Burger. Die Abhängigkeit von der Höhe der Verteilerniederspannung ist auch längst nicht so groß wie bei Burger, welcher bei 110 V mehr als 10mal so viel Stationen annimmt als bei 380 V, während tatsächlich nur etwa doppelt so viele wirtschaftlich sind.

1) ETZ 1929, Heft 3, S. 75: »Stromverteilung in Großstädten durch Hoch- und Niederspannungsnetze.«

In den bisherigen Methoden zur Berechnung der wirtschaftlichen Zahl von Unterstationen, abgesehen von der Sengelschen Methode, welche bei kleinen Flächendichten annähernd richtige Werte liefert, waren deshalb bedeutende Unklarheiten vorhanden, welche sich in wesentlich überhöhten Anlage- und Betriebskosten des Niederspannungskabelnetzes und der Unterstationen auswirken können und auch ausgewirkt haben. Bei den Unterstationszahlen von Burger ergeben sich etwa gegenüber den wirtschaftlichen Werten bis auf etwa das Doppelte erhöhte Anlage- und Betriebskosten für Kabelnetze.

B. Wirtschaftliche Netzgröße bei gegebener Spannung.

Im Kapitel IV ergab sich für lineare Kraftübertragungen eine Gleichung 3. Grades für die wirtschaftliche Übertragungsspannung in Abhängigkeit der Übertragungslänge (Gl. (19)), so daß es sich empfahl, durch Einsetzen verschiedener normalisierter Übertragungsspannungen in Gl. (20) die zugehörigen wirtschaftlichen Übertragungslängen direkt zu bestimmen.

Ähnlich stellte es sich für flächenhafte Energieverteilungen als zweckmäßiger heraus, einen Ausdruck für die wirtschaftliche Netzgröße N in km für eine gegebene Verteilerspannung zu entwickeln, anstatt die wirtschaftliche Verteilerspannung aus der Netzgröße zu bestimmen. Die wirtschaftliche Netzgröße eines quadratischen Netzes wurde definiert als die Länge der Quadratseite der Netzausdehnung, so daß das Quadrat der wirtschaftlichen Netzgröße die wirtschaftliche Netzfläche ergibt. Bei rechteckigen Netzen mußten 2 wirtschaftliche Netzgrößen eingeführt werden, die jedoch in dem einfachen Zusammenhang $N_2 = (M \cdot N_1)$ km (Gl. (50)) zueinander stehen. Es ergab sich, daß die wirtschaftliche Netzfläche eines rechteckigen Netzes für eine gegebene Verteilerspannung wesentlich kleiner sein kann als die eines quadratischen Netzes, so daß man bei rechteckigen Netzen zu höheren Verteilerspannungen kommt als bei quadratischen derselben Grundfläche. Das Maß der Verringerung der wirtschaftlichen Netzfläche ist wenig abhängig von der Flächendichte und der Ausführung der Unterstationen und des Netzes, etwa für Ölschalter- oder Hochspannungssicherungsanschluß oder als vermaschtes Netz, sondern praktisch allein von dem Verhältnis M der Längen der beiden Rechteckseiten des Netzes und der Spannung (Abb. 14).

Bei der Berechnung der wirtschaftlichen Verteilerspannungen eines Versorgungsgebietes ist es deshalb notwendig, zunächst die effektive Netzfläche in km² und das Verhältnis M der beiden Rechteckseiten der Außenabmessungen des Netzes zu bestimmen. Bei kleinen Netzen, für welche die Verteilerspannung 3 kV in Frage kommt, ist der Einfluß einer Verzerrung der äußeren Netzform gegenüber einer quadratischen auf die wirtschaftliche Netzfläche unerheblich. Bei höheren Spannungen kommt dem Verzerrungsfaktor M eine höhere Bedeutung zu. Es empfiehlt sich, die effektive Netzfläche eines rechteckigen Netzes etwa in dem durch Abb. 14 gegebenen Verhältnis zu einem fiktiven quadratischen zu erhöhen und dafür die wirtschaftliche Verteilerspannung zu bestimmen, oder direkt für den speziellen Fall nach Kapitel V C die wirtschaftliche Spannung zu errechnen.

Für ein quadratisches Zweispannungsnetz errechnet sich die wirtschaftliche Netzgröße nach Gl. (28), für ein quadratisches Dreispannungsnetz nach Gl. (36). Die beiden Ausdrücke stimmen in ihrem Aufbau vollkommen überein, wenn beim Dreispannungsnetz in Gl. (28) an Stelle von k_{ln_J} stets der Faktor $\frac{k_{lm_J}}{v_{lm}}$ eingesetzt wird.

Für ein rechteckiges Zweispannungsnetz gilt Gl. (49), für ein rechteckiges Dreispannungsnetz die Formel (55).

Außer den bereits zur Berechnung der wirtschaftlichen Unterstationszahl ermittelten Faktoren kommen die Verschiedenheitsfaktoren v_{lh} und v_{Tr}, der sich nach Kapitel II C errechnende Faktor $k_{Tr_{V_2}}$ und die sich auf die Hochspannungskabel beziehende Konstante k_{lh_1} (Kapitel III F) zur Auswirkung. Die Bedeutung der Verschiedenheitsfaktoren ergibt sich aus Kapitel VIII A; zur Berechnung der Konstante k_{lh_1} ist vor allem die Kenntnis der Hochspannungsreservefaktoren und der Verluststundenzahl h_{V_n} erforderlich. Bei der Schätzung von r_{lh_1} und r_{lh_2} wird man sich vergegenwärtigen, daß diese Faktoren um so größer werden, je kleiner die Flächendichte und je höher die Spannung ist. Sie werden auch bei großer Unterstationszahl höher als bei kleiner. Man kann z. B. bei Zweispannungsnetzen bei Flächendichten von $J_F =$ 1000 kVA/km² bei 6 kV auf Werte von r_{lh_1} zwischen 6 und 8, bei 20 kV zwischen 10 und 15 und bei 30 kV zwischen 15 und 25 kommen, wobei sich die kleinere Zahl auf vermaschte Netze oder unvermaschte mit Ölschalteranschluß, die größere Zahl auf Anschluß der Transformatoren über Hochspannungssicherungen bezieht. Bei $J_F = 20000$ kVA/km² liegen dieselben Werte bei 6 kV zwischen 3 und 4, bei 20 kV zwischen 3,5 und 5, bei 30 kV zwischen 4 und 6.

Bei Dreispannungsverteilungen ergeben sich durchweg kleinere Reservefaktoren für das Hochspannungskabelnetz, die sich für die Flächendichte $J_F = 1000$ bei 10 kV zwischen 3 und 4, bei 20 kV zwischen 3 und 5, bei 30 kV zwischen 4 und 6 bewegen. Bei $J_F = 20000$ kVA/km² liegen die entsprechenden Werte bei 10 kV zwischen 2 und 3, für 20 kV zwischen 3 und 4, für 30 kV zwischen 3 und 4. Selbstverständlich müssen die Schätzungswerte nach Auslegung des Netzes nachgeprüft und die Rechnung auf die nunmehr für die besonderen Netzverhältnisse ermittelten Werte umgestellt werden.

In Abb. 12 ist die Abhängigkeit der wirtschaftlichen Netzgröße eines quadratischen Zweispannungsnetzes von der Verteilerspannung für verschiedene Stationsausführungen und Flächendichten kurvenmäßig aufgetragen. Als Höhe der Niederspannung wurde allgemein 380 V, weiter $h_V = 2000$ und Verlegung der Kabel in Schotter- oder Pflasterstraßen angenommen. Bei einem Hochspannungsanschluß der einzeln je Station angeordneten Transformatoren über Sicherungen, welcher eine geringe Spannungsabhängigkeit der leistungsunabhängigen Kosten einer Unterstation ergibt, zeigen die Kurven schon für kleine Netzgrößen die Wirtschaftlichkeit hoher Verteilerspannungen. Diese Verteilungsform ist demnach zweckmäßig für kleine Energieflächendichten und eine kleine Netzausdehnung. Eine ähnliche Kurvenform zeigt die wirtschaftliche Netzgröße für Maschennetze. Hierfür ist weiter die geringe Abhängigkeit der wirtschaftlichen Netzgröße von der Energieflächendichte bemerkenswert, so daß es zulässig erschien, sie für alle praktisch in Frage kommenden Flächendichten durch eine Kurve darzustellen. Bei der Wahl von $\Theta = 2$ Betriebstransformatoren je Station mit hochspannungsseitigem Ölschalteranschluß ergibt sich ein weit flacherer Kurvenverlauf und eine wesentliche Abhängigkeit der wirtschaftlichen Netzgröße von der Flächendichte.

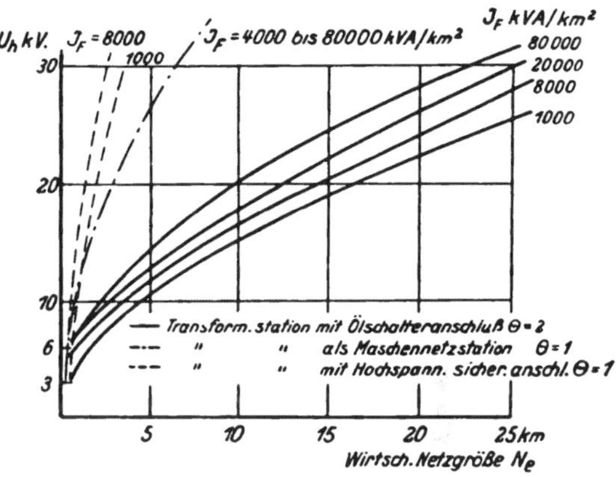

Abb. 12. Wirtschaftliche Netzgröße N_e eines quadratischen Zweispannungsnetzes in Abhängigkeit der Verteilerhochspannung U_h für $U_n = 380$ V, $h_{Vn} = 2000$, Kabelverlegung in Schotter- oder Pflasterstraße.

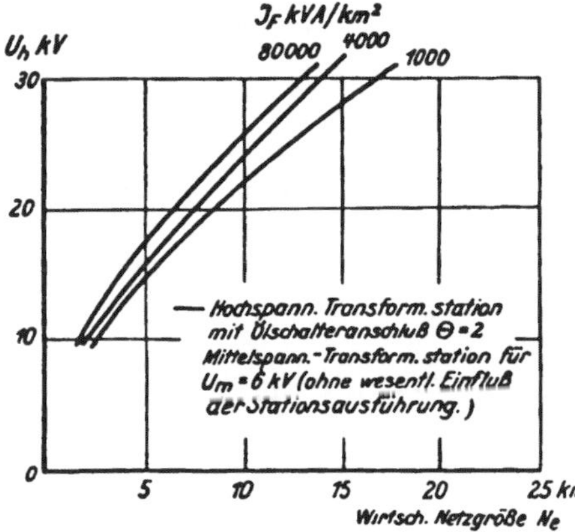

Abb. 13. Wirtschaftliche Netzgröße eines quadratischen Dreispannungsnetzes in Abhängigkeit der Verteilerhochspannung fur $U_n = 380$ V, $U_m = 6$ kV, $h_{Vn} = 2000$, Kabelverlegung in Schotter- oder Pflasterstraße.

Mit Ausnahme der Spannung 3 kV, welche eine Verringerung der wirtschaftlichen Netzgröße ergibt, zeigt sich bei einer Senkung der Niederspannung von 380 V auf 110 V allgemein eine Erhöhung der wirtschaftlichen Netzgröße für dieselbe Verteilerhochspannung, so daß sich für andere Niederspannungen als 380 V besondere Berechnungen als notwendig erweisen.

Die Abb. 13 zeigt die wirtschaftliche Netzgröße eines Dreispannungsnetzes in Abhängigkeit der Verteilerhochspannung für eine Mittel- bzw. Niederspannung von 6 kV bzw. 0,38 kV. Da die auf eine Hochspannungsstation entfallende Durchgangsleistung für die Anwendung eines Hochspannungssicherungsanschlusses im allgemeinen zu groß ist, wurde als praktisch wohl am häufigsten vorkommende Ausführung der Hochspannungsstationen die Anordnung von 2 Betriebstransformatoren je Station mit Ölschalteranschluß berücksichtigt. Die wirtschaftliche Netzgröße zeigt sich dann weitgehend unabhängig von der Ausführung der Mittelspannungsstationen und des Niederspannungsnetzes.

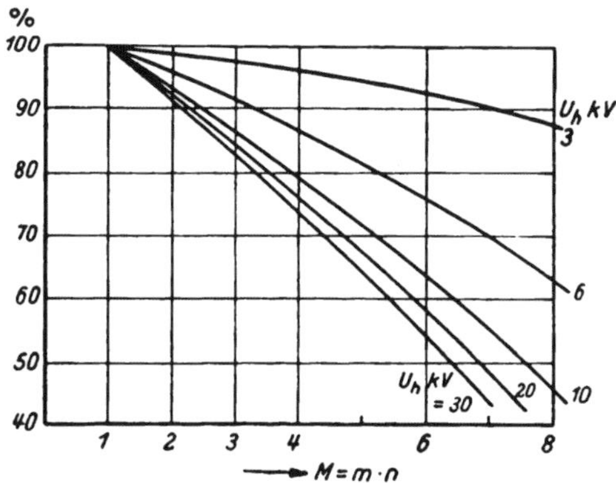

Abb. 14. Wirtschaftliche Netzfläche eines rechteckigen in % der eines quadratischen Zweispannungsnetzes für dieselbe Verteilerspannung in Abhängigkeit des Verzerrungsfaktors *M*.

Sämtliche oben angeführten Gleichungen und Kurven beruhen auf der Annahme, daß die Zentrale sich in Anlagenmitte befindet. Ist dies praktisch nicht der Fall, so ist es nach Kapitel VI A notwendig, durch eine fiktive Vergrößerung des Netzes den Ausgangspunkt der Energieverteilung wieder in Anlagenmitte zu bringen und für dieses fiktive Netz die wirtschaftliche Spannung zu bestimmen.

Ein Vergleich des Aufbaues der für eine flächenhafte, gegenüber der für eine lineare Kraftübertragung geltenden Formeln zur Errechnung der wirtschaftlichen Spannung zeigt, daß sie ganz verschiedenen Gesetzen gehorchen. Es muß also zu Irrtümern führen, wenn man versucht — wie es teilweise in der Literatur empfohlen wird — den Fall einer flächenhaften Energieverteilung »durch Unterteilung oder ähnliches auf den Fall der linearen Kraftübertragung zurückzuführen[1])«.

C. Anlagekosten je kVA Verteilerleistung und Verteilungskosten je kWh für wirtschaftlich ausgeführte Kabelnetze in Abhängigkeit von Netzgestaltung und Flächenstromdichte.

Während die Aufwendungen für Anlagen zur Erzeugung elektrischer Energie in der Literatur häufig bis zur völligen Klarheit behandelt worden sind, besteht über die Anlagekosten zur Verteilung elektrischer Energie

[1]) Burger, »Berechnung von Drehstromkraftübertragungen«. Verlag Springer, Berlin 1931.

fast vollkommenes Dunkel. In dem Bericht des Ausschusses zur Untersuchung der Erzeugungs- und Absatzbedingungen der deutschen Wirtschaft über »die deutsche Elektrizitätswirtschaft[1])« wird »der Wiederbeschaffungswert der Verteilungsanlagen in durchschnittlicher Schätzung auf RM. 700 je kW beziffert«. Man kann jedoch über diese Schätzung nicht sehr befriedigt sein, da sie keine Unterscheidung etwa nach städtischen oder Überlandverteilungen, nach einer Niederspannung von 110, 220 oder 380 V, nach dem Umfang des Versorgungsgebietes angibt, Verhältnisse, die doch sicher einen wesentlichen Einfluß auf die Anlagekosten von Verteilungsnetzen haben.

Mittels der in der vorstehenden Arbeit entwickelten Methoden läßt sich auch diese Frage einer Klärung zuführen. Es ist natürlich möglich, die Anlagekosten für beliebig gestaltete Verhältnisse im voraus zu berechnen. Im Interesse des Umfangs dieser Arbeit soll jedoch nur auf bestimmt geordnete Netze eingegangen werden, von denen aus es ein Leichtes ist, auf andere Netze Schlüsse zu ziehen.

Für die Anlagekosten scheint es am zweckmäßigsten, sie auf 1 kVA Verteilerleistung in der Zentrale zu beziehen. Durch Division der Gl. (30) mit $\frac{N_e^2 \cdot J_F}{v_z}$ ergeben sich demnach die Anlagekosten je kVA Verteilerleistung in der Zentrale für ein quadratisches Zweispannungsnetz mit Zentrale in Anlagemitte ohne Abzweigschalter und Hausanschlußleitungen bei wirtschaftlicher Ausführung zu:

$$N_e \cdot \frac{k_{lh} \cdot v_z}{2 \cdot v_{l_h}} + \frac{v_z \cdot k_{l_n}}{2\sqrt{X_0}} - \frac{L_a \cdot \sqrt{X_0} \cdot k_{l_n} \cdot v_z}{2 \cdot J_F} + \frac{v_z \cdot X_0}{J_F}\left(\Theta \cdot k_{x_1}(U_h^2 + \delta_1) + K_{x_f}\right)$$
$$+ \frac{v_z \cdot k_{x_2}}{v_{Tr}} - \frac{v_z \cdot k_{l_h}}{2 \cdot v_{l_h} \cdot X_0 \cdot N_e} \text{ RM.} \quad \ldots \ldots \quad (71)$$

Aus Gl. (38) ergeben sich die Anlagekosten je kVA Verteilerleistung in der Zentrale für ein quadratisches Dreispannungsnetz mit Zentrale in Anlagenmitte ohne Hausanschlußleitungen und Nieder- und Mittelspannungsabzweigzellen zu:

$$N_e \cdot \frac{k_{l_h} \cdot v_z}{2 \cdot v_{l_h}} + \frac{k_{l_n} \cdot v_z}{2\sqrt{X_{m_0}}}$$
$$+ \frac{v_z \cdot k_{l_m}(X_{m_0} - X_{h_0})}{2 \cdot v_{l_m} \cdot X_{m_0} \cdot \sqrt{X_{h_0}}} + \frac{v_z \cdot X_{m_0}}{J_F}\left(\Theta_m \cdot k_{x_{m_1}}(U_m^2 + \delta_{m_1}) + K_{x_{f_m}}\right)$$
$$+ \frac{v_z \cdot X_{h_0}}{J_F}\left(\Theta_h \cdot k_{x_{h_1}}(U_h^2 + \delta_{h_1}) + K_{x_{f_h}}\right) + \frac{v_z \cdot k_{x_{m_2}}}{v_{Tr_m}} + \frac{v_z \cdot k_{x_{h_2}}}{v_{Tr_h}}$$
$$- \frac{v_z \cdot L_a \cdot \sqrt{X_{m_0}} \cdot k_{l_n}}{2 J_F} - \frac{v_z \cdot k_{l_h}}{2 \cdot v_{l_h} \cdot X_{h_0} \cdot N_e} \text{ RM.} \quad \ldots \ldots \quad (72)$$

---

[1]) Verlegt bei E. S. Mittler & Sohn, Berlin 1930.

In derselben Weise können die Anlagekosten auch für rechteckige Zwei- und Dreispannungsnetze niedergeschrieben werden. Da gegenüber obigen Formeln sich im wesentlichen nur die Hochspannungskabelkosten ändern, soll kürzehalber hierauf verzichtet werden.

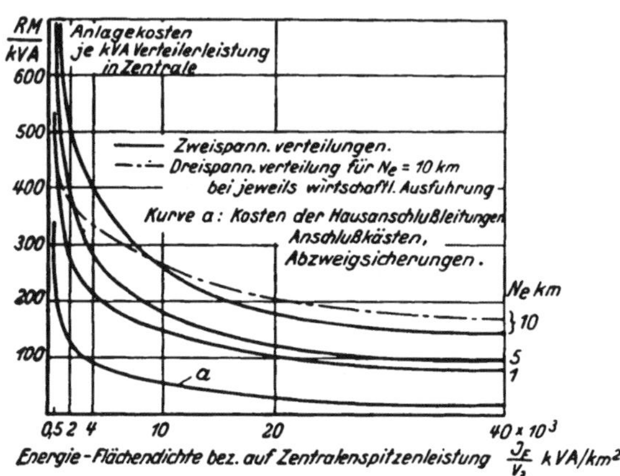

Abb. 15. Anlagekosten von quadratischen Verteilungsnetzen je kVA Verteilerleistung in der Zentrale in Abhängigkeit von der Energieflächendichte.

Schon aus dem Aufbau der Formeln kann geschlossen werden, daß die Anlagekosten je kVA für das Verteilungsnetz mit größer werdender Flächendichte fallen und mit größer werdender Netzausdehnung steigen müssen. Die Netzausdehnung muß sich bei kleinen Flächendichten stärker auswirken als bei großen (Abb. 15).

Die zu obigen Kostenwerten hinzuzurechnenden Anlagekosten für die Hausanschlußleitungen, Anschlußkasten und Abzweigsicherungen sind — je kVA Verteilerleistung gerechnet — unabhängig von der Netzausdehnung, dagegen stark abhängig von der Flächendichte, da die Hauptabzweigpunkte, von denen aus obige Formeln gelten, um so näher an die Einzelabnehmer heranrücken, je größer die Flächendichte ist. In Abb. 15 sind die Anlagekosten je kVA Verteilerleistung in der Zentrale für verschiedene Flächenstromdichten und Netzgrößen unter Annahme einer quadratischen Netzanordnung und Zentrale in Anlagenmitte bei jeweils wirtschaftlicher Ausführung für eine Niederspannung von 380 V aufgetragen. Die Reservefaktoren sind reichlich, nach praktischen Bedürfnissen, bemessen. Die Kurvenwerte zeigen z. B. für ein Versorgungsgebiet von 1 km² ($N_e = 1$) bei $\frac{J_F}{v_z} = 1000$ kVA/km² Anlagekosten von etwa 400 RM./kVA, bei $\frac{J_F}{v_z} = 4000$ nur noch etwa 220 RM./kVA, um bei 40000 kVA/km² auf einen Wert von etwa 100 RM./kVA zu fallen. Bei einem Versorgungsgebiet von 25 km² ($N_e = 5$) bewegen sich die Werte für $\frac{J_F}{v_z} = 1000$ bei 400 RM./kVA (mit Dreispannungsverteilung), für $\frac{J_F}{v_z} = 4000$ bei 280 RM./kVA. Endlich betragen die Anlagekosten bei einem Versorgungsgebiet von 100 km² ($N_e = 10$) zwischen 430 RM./kVA und 150 RM./kVA.

Nicht eingerechnet sind in obigen Werten die Kosten einer etwaigen Transformierung in der Zentrale sowie Aufwendungen zur Dämpfung von Kurzschlußströmen. Außerdem werden wohl noch unvorhergesehene Kosten in Höhe von 10% obiger Werte (z. B. für örtliche Schwierigkeiten in der Leitungsverlegung oder im Bau der Stationen) weiter zu berücksichtigen sein. Auch besondere Kosten für die Bauleitung und Planung sind nicht aufgenommen. Nun sind allerdings obige Werte für eine quadratisch angelegte Verteilung mit Zentrale in Anlagenmitte zustande gekommen. Bei einer rechteckigen Netzform und besonders auch bei einer Verlagerung der Zentrale aus Anlagenmitte, etwa an den Rand oder gar eine Ecke des Versorgungsgebiets, werden die Kosten für die Hochspannungsleitungen höher werden. Bei einem Verhältnis der Seitenlängen eines Netzes von 1 : 2 und Anordnung der Zentrale in Anlagenmitte werden die Kosten der Hochspannungsleitungen etwa um 6%, bei einem Verhältnis 1 : 4 etwa um 25% gegenüber einer quadratischen Netzanordnung erhöht. Wenn die Zentrale zudem an den Rand des Versorgungsgebiets rückt, kann nach den Ergebnissen von Kapitel VI A eine Erhöhung der Hochspannungsleitungskosten um weitere 30 bis 50%, bei einer Anordnung der Zentrale an einer Ecke der Anlage um weitere 50 bis maximal 100% erfolgen.

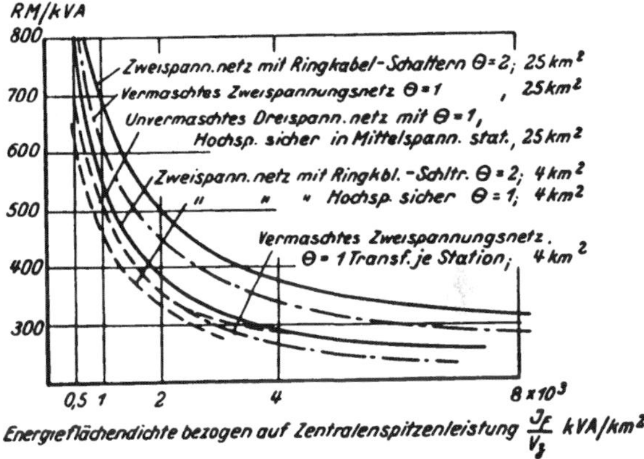

Abb. 16. Anlagekosten je kVA Verteilerleistung in der Zentrale für 2 rechteckige Netze von 4 bzw. 25 km² (Seitenlängen 1 : 2) bei $U_n = 380$ V.

Die übrigen Kostenbeträge für die Unterstationen und das Niederspannungskabelnetz bleiben bei einer rechteckigen Netzanordnung oder verschobener Zentrale gleich wie bei einer quadratischen mit Zentrale in Anlagenmitte. Der Anteil der Hochspannungskabelkosten an den Gesamtkosten ist verhältnismäßig groß bei Zweispannungsnetzen mit kleiner Flächendichte, er ist klein bei großen Flächendichten. Bei starker Verzerrung der Netzform gegenüber einer quadratischen und ungünstiger Lage der Zentrale wird man besonders bei kleineren Flächendichten als $\frac{J_F}{v_z} = 4000$ kVA/km² zu einer Bevorzugung der Dreispannungsverteilung kommen. Um einen Anhalt über die Höhe der bei verschiedenen Verteilungsformen in Frage kommenden Kostenwerten zu geben, sind diese in der Abb. 16 für rechteckige Netze von 4 km² und 25 km² mit einem

Verhältnis der Seitenlängen 1 : 2 und Anordnung der Zentrale in einer Ecke des Versorgungsgebiets bei einer Niederspannung von 380 V wiedergegeben worden.

Man sieht aus den Abb. 15 und 16, daß der Betrag von 700 RM./kVA bei Flächendichten, bezogen auf die Zentrale unter 1000 kVA/km² auch bei 380 V erreicht, teilweise überschritten wird, daß jedoch bei einer Erhöhung der Flächendichte die Anlagekosten wesentlich zurückgehen. Es zeigen sich ferner bedeutende Unterschiede je nach der Wahl des Verteilungssystems und der Größe des Versorgungsgebietes. Für die in deutschen Städten erreichten Flächendichten $\frac{J_F}{v_z}$ von etwa 2000 (kleinere Städte) bis 30000 kVA/km² (Berlin) bewegen sich die Anlagekosten für Verteilungsnetze mit 380 V zwischen etwa 500 und 200 RM./kVA Spitzenleistung in der Zentrale. Es ist daher nicht zulässig, mit mittleren Kosten von 700 RM./kVA allgemein zu rechnen.

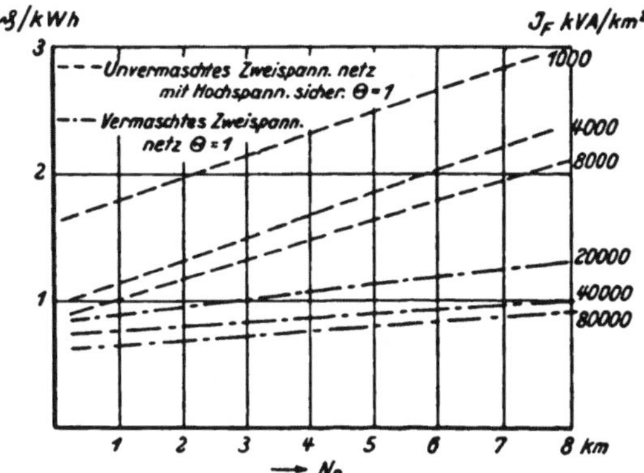

Abb. 17. Verteilungskosten je kWh in Abhängigkeit der Netzgröße eines quadratischen Netzes bei $h_{V_n} = 2000$, $\cos\varphi = 0{,}8$, $U_n = 380$ V, Kabelverlegung in Schotterstraße.

Bei Vorhandensein einer verketteten Niederspannung von 110 V ergeben sich je nach dem gewählten Verteilungssystem Mehraufwendungen zwischen 50 und 150 RM./kVA unabhängig von der Größe des Versorgungsgebietes.

In ähnlicher Weise lassen sich aus den Gleichungen für die jährlichen Betriebskosten der Netze die auf 1 kWh entfallenden Verteilungskosten einschließlich der Verluste im Verteilungsnetz ermitteln. In stärkerem Maße wie die Anlagekosten sind diese natürlich abhängig von den für die Verluste einzusetzenden Stromkosten und der Abschreibungs- und Verzinsungsquote. Bei einer Benutzungsstundenzahl der Zentralenspitzenleistung von 2500 h jährlich und einer mittleren Benutzungsstundenzahl von 1250 h jährlich und einem $\cos\varphi = 0{,}8$ für die Spitzenleistung in den Niederspannungsverteilerleitungen ergeben sich mit den in dieser Arbeit verwendeten Preisunterlagen bei $\frac{J_F}{v_z} = 2000$ kVA/km² Verteilungskosten (Abb. 17) von 1,3 bis 5 Pf./kWh, bei $\frac{J_F}{v_z} = 10000$ kVA/km² von 1,1 bis 2,5 Pf./kWh und bei $\frac{J_F}{v_z} = 40000$ kVA/km² Verteilungskosten zwischen 0,8 und 2 Pf./kWh, je nach der Netzgröße und der Netzanordnung. Als

Strompreise für die VerlustkWh sind die in Kapitel III C angegebenen Werte berücksichtigt, die Abschreibungs- und Verzinsungsquote wurde zu 15% eingesetzt, was für öffentliche Elektrizitätswerke einen außerordentlich hohen Wert darstellt.

Selbstverständlich dürfen die oben ermittelten Anlagekosten je kVA Verteilerleistung und Verteilungskosten je kWh nicht als allgemein gültige Grenzwerte angesehen werden. Sie geben jedoch ein Bild von der Größenordnung der in Frage kommenden Kostenwerte. Da diese Größenanordnung von den in Aufsätzen von Vertretern der Elektrizitätswirtschaft mitgeteilten Werten für die Verteilungskosten wesentlich abweicht, wird es sich nicht umgehen lassen, auch den Verteilungskosten je nach den örtlichen Bedingungen der Netzgestaltung besondere Aufmerksamkeit zu widmen. Es wird sich als notwendig herausstellen, den Wiederbeschaffungswert der Verteilungsnetze auf neuer Grundlage zu bestimmen.

Aus den Rechnungsergebnissen ergibt sich jedoch noch eine weitere Konsequenz. Bei der Planung von Erzeugungsanlagen für elektrische Energie wurde vielfach die Zusammenfassung der Erzeugung in möglichst großen, wirtschaftlich arbeitenden Großkraftwerken angestrebt und verwirklicht. Die dabei zu erreichende Verbilligung in der Erzeugung elektrischer Energie ist über einer gewissen Größenordnung der Kraftwerke in der Größenordnung einiger Zehntel Pfennige je kWh. Aus obigen Rechnungen ergibt sich, daß die Verteilungskosten je kWh sich in Abhängigkeit der Netzgröße nach Pfennigbeträgen unterscheiden können. Es ergibt sich deshalb eine günstigste Netzgröße für eine Kraftanlage, die von der Flächendichte des Versorgungsgebiets abhängt. Mehr als bisher ist auf eine günstigste Lage des Kraftwerks zu seinem Versorgungsgebiet zu achten, um die Summe von Energieerzeugungs- und Energieverteilungskosten möglichst klein zu halten. Dazu bieten die vorstehend entwickelten Rechnungsmethoden für eine wirtschaftliche Gestaltung von Drehstromkabelnetzen die Grundlage.

X. Schlußwort.

Die in der vorstehenden Arbeit entwickelten Methoden zur Berechnung einer wirtschaftlichen Netzgestaltung vermögen bei der Neuauslegung von Netzen wertvolle Dienste zu leisten, sie können jedoch auch im täglichen Gebrauch des Elektrizitätswerkes — also für die Erfassung neuer Anschlüsse und von Verschiebungen im Stromverbrauch von Teilgebieten — mit Erfolg angewandt werden. Es ist für jedes Versorgungsgebiet notwendig, genaue Aufzeichnungen über die Belastungsverteilung im Verteilungsnetz zu machen. Vielfach wird sich die Anlage topographischer Karten über die Flächendichten der maximalen Energieentnahme als zweckmäßig erweisen, in welchen Veränderungen der Energieflächendichte leicht laufend verfolgt werden können. Mittels der entwickelten Rechnungsmethoden kann ein Gerippe für die günstigste Gestaltung des Leitungsnetzes aufgestellt werden, das Schritt für Schritt den Bedürfnissen der Energieentnahme angepaßt wird. Im allgemeinen werden sich die Änderungen in der Energieflächendichte in gewissen Grenzen halten, welche aus den besonderen Verhältnissen des Gebiets auf längere Zeit beurteilt werden können. So wird sich die neue Methode nicht nur bei Berechnung neu anzulegender Netze, sondern auch bei der laufenden Ergänzung vorhandener Netze als nützlich erweisen, um diese dauernd auf der Höhe ihrer Aufgaben zu halten.

Die vorstehenden Ausführungen haben sich zunächst auf die Energieverteilung in Drehstromkabelnetzen beschränkt. Bei der Energieverteilung in Freileitungsnetzen, insbesondere der Überlandversorgung, können die Transformatorstationen in den Ortschaften als Einzelverbraucher angesehen werden, welche zusammen allerdings wesentlich kleinere Energieflächendichten als in zusammenhängenden Kabelnetzen ergeben. Es wird deshalb zu erwarten sein, daß in Überlandnetzen der Frage der günstigsten Überlagerung von Netzen verschiedener Spannungen noch eine viel größere Bedeutung zukommt als bei Kabelnetzen für kleine Energieflächendichten. Die Kosten von Freileitungen für bestimmte Übertragungsleistungen und Spannungen sind von denen für Kabel wesentlich verschieden, so daß die Konstanten A und B (nach Gl. (7)) anders sein werden als bei Kabeln. Insbesondere wird die querschnittsabhängige Größe B kleiner sein als bei Kabeln und damit auch die wirtschaftliche Stromdichte für eine bestimmte Spannung. Die zulässige Belastung von Freileitungen ist nicht so scharf definiert wie bei Kabeln. Immerhin ergibt sich auch bei Freileitungen nach der Kennellyschen Formel ein etwa quadratischer Abfall der zulässigen Stromdichte mit wachsendem Querschnitt, wenn mit einer einheitlichen Leitermaximaltemperatur gerechnet wird. Die höheren Zahlenwerte der zulässigen Stromdichten werden aber dadurch wieder ausgeglichen, daß ja die wirtschaftlichen Stromdichten noch niedriger sind als bei Kabeln, so daß die Leitungsreservefaktoren höher gewählt werden sollten als bei Kabeln. Die Steilheit der Kurven für die Leitungskosten je kVA und km ist für Freileitungen nicht so groß als bei Kabeln, so daß der Einfluß der Hochspannungsleitungskosten auf die wirtschaftliche Unterstationszahl stärker hervortritt. Dadurch ergibt sich gegenüber der Kabelverteilung die Notwendigkeit der Einführung zusätzlicher Konstanten. Es kann jedoch gesagt werden, daß die für Kabelnetze entwickelten Formelausdrücke im Prinzip auch für Freileitungsnetze Geltung haben. Die Einzelauswertung von Rechnungsergebnissen für Freileitungsverteilungen soll einer Fortsetzung dieser Arbeit vorbehalten bleiben.

Anlage I.

Leistungsunabhängige Anlage- und Betriebskosten von Transformatorstationen.

1. Leistungsunabhängige Anlagekosten einer Unterstation nach Formel:

$$(\Theta \cdot k_{x_1} (U_h^2 + \delta_1) + K_{xf})\ \text{RM.}$$

U_h	Transformatorstation mit Hochspannungs-sicherungsanschluß $r_{Tr_1} = 1,5$, $r_{Tr_2} = 1,1$ für $K_{xf} = 0$		mit Hochspannungs-Ölschalter $r_{Tr_1} = 1,5$, $r_{Tr_2} = 1,1$ für $K_{xf} = 0$		mit Maschennetzschaltern $r_{Tr_1} = 1,33$, $r_{Tr_2} = 1,1$ für $K_{xf} = 0$
	$\Theta = 1$	$\Theta = 2$	$\Theta = 1$	$\Theta = 2$	$\Theta = 1$
3	1452	2904	3825	7650	4470
6	1488	2976	4300	8600	4510
10	1570	3140	5420	10840	4580
20	1965	3930	10640	21280	4975
30	2620	5240	19400	38800	5620

2. Leistungsunabhängige jährliche Betriebskosten einer Unterstation nach Formel:

$$(\Theta \cdot k_{Tr_1} (U_h^2 + \delta_1) + K_{xf_J} + \Theta \cdot k_{T_{rV_1}})\ \text{RM./Jahr}$$

für $h_{V_s} = 2000$, $g_h = 0,043$ RM./kWh, $p_{Tr} = 0,15$ sowie Voraussetzungen nach 1.

U_h	$\Theta = 1$	$\Theta = 2$	$\Theta = 1$	$\Theta = 2$	$\Theta = 1$
3	325	650	680	1360	785
6	330	660	750	1500	795
10	342	684	920	1840	805
20	402	804	1710	3420	960
30	500	1000	3010	6020	960

Anlage II.

Kosten von armierten Dreileiterrundkabeln in Abhängigkeit von Querschnitt und Spannung.

$$K = (A + B \cdot q)\ \text{RM./km.}$$

Spannung kV	Wert A bei Cu — Preis 130.— bei Pb — Preis 35.—	bei Cu — Preis · k_{cu} bei Pb — Preis · k_{pb}	Wert B bei Cu — Preis 130.— bei Pb — Preis 35.—	bei Cu — Preis · k_{cu} bei Pb — Preis · k_{pb}
1	1800	$1610 + 5,5\ k_{pb}$	82	$0,3\ k_{cu} + 0,2\ k_{pb} + 36$
3	2400	$2050 + 10\ k_{pb}$	84	$0,3\ k_{cu} + 0,2\ k_{pb} + 38$
6	3200	$2710 + 14\ k_{pb}$	85	$0,3\ k_{cu} + 0,2\ k_{pb} + 39$
10	3800	$3100 + 20\ k_{pb}$	88	$0,3\ k_{cu} + 0,2\ k_{pb} + 42$
15	5000	$4020 + 28\ k_{pb}$	100	$0,3\ k_{cu} + 0,2\ k_{pb} + 54$
30	11000	$8900 + 60\ k_{pb}$	104	$0,3\ k_{cu} + 0,25\ k_{pb} + 56$

Cu — Preis k_{cu} RM./100 kg
Pb — Preis k_{pb} RM./100 kg.

Anlage III.

Grundpreise für Kabelverlegungskosten je Meter Kabel in Reichsmark.

Erdkabelverlegung.

Verlegungstiefe 0,7 m. Einziehen von Hand.

Verlegungsverhältnis	Straßendecke	Niederspannung gleichzeitig verlegte Kabel					Hochspannung gleichzeitig verlegte Kabel				
		1	2	4	6	8	1	2	4	6	8
I	nicht tragfähige Decke	4,70	3,00	2,15	1,85	1,75	4,70	3,20	2,75	2,65	2,60
II	Schotter- od. Pflasterdecke	6,70	4,00	2,65	2,30	2,10	6,70	4,20	3,40	3,25	3,10
III	Asphaltdecke	9,50	5,40	3,50	2,85	2,60	9,50	5,60	4,40	4,10	3,90

Erdkabelverlegung

Verlegungstiefe 0,7 m. Einziehen mit Winde.

I	nicht tragfähige Decke	4,50	2,65	1,80	1,50	1,40	4,50	2,85	2,35	2,25	2,20
II	Schotter- od. Pflasterdecke	6,50	3,65	2,35	1,90	1,75	6,50	3,85	3,05	2,85	2,75
III	Asphaltdecke	9,30	5,00	3,15	2,50	2,25	9,30	5,25	4,00	3,70	3,50

Verlegung blanker Bleikabel in Röhrensystemen.

Deckung über Beton 0,60 m. Einziehen mit Winde.

I	nicht tragfähige Decke	—	—	6,80	6,00	5,70	—	—	6,80	6.00	5,70
II	Schotter- od. Pflasterdecke	—	—	7,35	6,30	6,00	—	—	7,35	6,30	6,00
III	Asphaltdecke	—	—	8,15	6,80	6,40	—	—	8,15	6,80	6,40

Zu letzteren Preisen kommen noch die anteiligen Kosten der im allgemeinen alle 100 m bis 150 m angeordneten Mannlöcher hinzu, deren Preis sich nach Größe bzw. Anzahl der durchgelegten Kabel richtet und zwischen 1000.— und 2000.— RM. liegt.

Anlage IV.

Wirtschaftliche Grenzleistungen zwischen Hoch- und Niederspannungsmotoren in kW.

Spannung kV	Entfernung U. St. zum Motor m	Stichleitung niederspannungsseitig		Ringleitung niederspannungsseitig	
		Ringleitung hochspannungsseitig	Fernsteuerung hochspannungsseitig	Ringleitung hochspannungsseitig	Fernsteuerung hochspannungsseitig
0,38/3	130	65	115	40	75
	230	50	100	30	65
	430	35	90	15	50
0,5/3	130	80	135	50	90
	230	65	125	35	80
	430	50	115	20	70
0,38/6	130	95	160	55	100
	230	70	135	35	80
	430	45	120	25	65
0,5/6	130	130	180	65	130
	230	95	160	45	100
	430	60	150	35	85

Printed and bound by CPI Group (UK) Ltd, Croydon, CR0 4YY

15/07/2026

14922146-0001